装配式建筑
应 用 实 践

上海市住房和城乡建设管理委员会
上海中森建筑与工程设计顾问有限公司
组织编写

中国建筑工业出版社

图书在版编目（CIP）数据

装配式建筑应用实践 / 上海市住房和城乡建设管理
委员会，上海中森建筑与工程设计顾问有限公司组织编写.
—北京：中国建筑工业出版社，2020.11
ISBN 978-7-112-25640-2

Ⅰ.①装… Ⅱ.①上… ②上… Ⅲ.①装配式构件—
建筑工程 Ⅳ.①TU3

中国版本图书馆CIP数据核字（2020）第234528号

　　本书结合大量工程实践，对目前较为常见的装配式建筑结构体系——装配整体式剪力墙
体系、装配整体式框架体系、装配式框架-现浇剪力墙体系、装配式钢结构体系等进行梳理总
结，突出各类体系本身的适用性、优缺点，分析各类结构体系应用中的注意要点，并针对不同
项目类型，给出装配式建筑结构体系选择的建议，为后续装配式建筑项目的实施提供参考。
　　本书内容精炼，具有较强的实用性和指导性，可供装配式建筑从业人员参考使用，也可作
为相关从业人员培训教材。

　　责任编辑：高　悦　王砾瑶
　　版式设计：锋尚设计
　　责任校对：赵　菲

装配式建筑应用实践

上海市住房和城乡建设管理委员会
上海中森建筑与工程设计顾问有限公司　　组织编写

*

中国建筑工业出版社出版、发行（北京海淀三里河路9号）
各地新华书店、建筑书店经销
北京锋尚制版有限公司制版
北京市密东印刷有限公司印刷

*

开本：787毫米×960毫米　1/16　印张：9¼　字数：160千字
2021年12月第一版　　2021年12月第一次印刷
定价：39.00元
ISBN 978-7-112-25640-2
（35979）

序

推进装配式建筑发展，对推动建筑施工方式变革、促进建筑产业转型升级具有重要意义，对减少污染物和废弃物排放、提高劳动生产率、加强人口调控与管理等也具有积极作用。自2016年国务院办公厅印发《关于大力发展装配式建筑的指导意见》以来，以装配式建筑为代表的新型建筑工业化快速推进，装配式建筑技术体系日益丰富。

近年来，在各级领导的高度重视下，上海市积极响应全国建筑产业现代化发展要求，通过严格把控装配式建筑实施要求，培育装配式建筑产业基地和示范工程等为抓手，在政策引导、产业链建设、质量监管、宣传培训等方面加快装配式建筑推进步伐，形成了装配式建筑推进方面的上海经验，在全国起到了一定引领和表率作用。截至2021年8月底，2021年上海市新开工装配式建筑面积约2950万㎡，占上海市新开工建筑比例超过90%。"十三五"期间，上海新开工装配式建筑面积达到约1.3亿㎡，装配式混凝土结构、钢结构、现代木结构、钢混结构等均有项目落地。

2021年是"十四五"的开局之年，上海市新型建筑工业化将迎来新的机遇和挑战，相信会有越来越多的装配式建筑相关企业向高质量发展方向迈进。总结已有工程经验，对各类装配式结构体系进行梳理总结，可对未来的新型建筑工业化发展提供引领、示范和借鉴作用。为此，上海市住房和城乡建设管理委员会组织上海中森建筑与工程设计顾问有限公司等单位编写了这本《装配式建筑应用实践》。本书选取18个典型项目，梳理总结了目前较为常见的装配式建筑结构体系，并针对装配式建筑中的主要结构连接形式、保温和防水节点做法进行了介绍。希望本书能够为相关企业推进装配式建筑项目建设提供参考，助力不同建筑类型、不同功能、不同建筑高度的项目依据实际情况合理地选择适宜的技术体系。

借本书出版发行的机会，向为上海市装配式建筑发展辛勤劳动、锐意创新、不断贡献力量的同志们表示诚挚的谢意！愿上海市建筑行业以新型建筑工业化为载体，为高质量发展开新局、谋新篇、创新绩！

前　言

近年来，在国家和上海市相关政策的大力推动下，上海市装配式建筑已步入高质量发展阶段，通过体制机制建设、政策引导、市场培育、产业链发展、鼓励技术创新、加强事前事中监督管理等一系列措施，累计落实装配式建筑规模超1.5亿m²，产业链已具雏形，装配式建筑发展水平总体处于全国领先水平。

为进一步发挥上海国家装配式建筑示范城市引领作用，上海市住房和城乡建设管理委员会组织开展了"装配式建筑应用实践"课题研究，委托上海中森建筑与工程设计顾问有限公司实施一项针对现有各类装配式结构体系的研究服务，并编写了这本《装配式建筑应用实践》。本书的编写出版，旨在对各类装配式结构体系进行梳理总结，突出各类体系本身的适用性、优缺点，分析各类结构体系应用中的注意要点，并结合工程经验，总结各种装配式结构体系的适用范围，为后续装配式建筑项目的实施提供参考。

本书从众多装配式项目中选取典型的具有代表意义的18个项目，梳理总结了目前较为常见的装配式建筑结构体系，包括装配整体式剪力墙体系、装配整体式框架体系、装配式框架–现浇剪力墙体系、装配式钢结构体系等，并介绍了新型技术体系，包括组装式预制墙技术、叠合与免模技术、集装箱模块化建筑。同时针对装配式建筑中的连接技术进行了介绍，包括结构连接、防水连接和保温连接。

本书基于上海市住房和城乡建设管理委员会节能建材处课题，得到了上海市建设协会和同行企业的大力支持，在此要感谢华东建筑设计研究院有限公司、上海天华建筑设计有限公司、宝业集团股份有限公司、上海市建工设计研究总院有限公司、上海浦凯预制建筑科技有限公司、中国建筑第八工程局有限公司、上海市房屋建筑设计院有限公司。同时对为本书提供案例资料、编审校对的相关专家、技术人员以及所有被引用文献的作者表示诚挚的谢意！

希望本书的出版能为装配式建筑项目的实施提供参考和借鉴，帮助相关企业及项目真正实现"两提两减"（即提高质量、提高效率、降低消耗、降低成本）的目标，为我国加快推进建筑产业转型升级和建设行业的改革发展贡献力量！

目　录

第1章

绪 论

1.1 全国装配式建筑发展概述

　　装配式建筑是用预制部品部件在工地装配而成的建筑，发展装配式建筑是建造方式的重大变革。党中央、国务院高度重视装配式建筑的发展，《中共中央 国务院关于进一步加强城市规划建设管理工作的若干意见》提出，要发展新型建造方式，大力推广装配式建筑，力争用10年左右时间，使装配式建筑占新建建筑面积的比例达到30%。2016年9月27日，国务院办公厅印发了《关于大力发展装配式建筑的指导意见》，提出以京津冀、长三角、珠三角三大城市群为重点推进地区，常住人口超过300万人的其他城市为积极推进地区，其余城市为鼓励推进地区，因地制宜发展装配式混凝土结构、钢结构和现代木结构建筑。

　　据统计，2020年全国新开工装配式建筑6.3亿m^2，较2019年增长50%，占新建建筑面积的比例约为20.5%，完成了《"十三五"装配式建筑行动方案》确定的到2020年达到15%以上的工作目标（图1-1）。

　　重点推进区引领发展，其他区域也呈现规模化发展局面。2020年，重点推进地区新开工装配式建筑占全国的比例为54.6%，积极推进地区和鼓励推进地区占45.4%，重点推进地区所占比重较2019年进一步提高。其中，上海市新开工装配式建筑占新建建筑的比例为91.7%，北京市40.2%，天津市、江苏省、浙江省、湖南省和海南省均超过30%。

　　总的来看，近年来装配式建筑呈现良好发展态势，在促进建筑产业转型升级，推动城乡建设领域绿色发展和高质量发展方面发挥了重要作用。

图1-1　2016～2020年全国装配式建筑新开工建筑面积

1.2 上海市装配式建筑发展概述

近年来，在上海市政府和各级建设主管部门的有力推动下，上海市加快推进装配式建筑，聚焦体制机制建设和管理模式转变，促进市场培育和产业链协同发展，抓示范引领和全面落实装配式建筑项目两头，既提升"量"又管好"质"，取得了丰硕成果。

1.2.1 装配式建筑项目大幅增长，产业迅速发展

截至2020年底，2020年土地出让环节共落实装配式建筑地上建筑面积2925万m^2，比2016年增长了93%，累计总量超过1.2亿m^2。2016年起，上海市所有满足条件的新建公共建筑类、居住建筑类、工业建筑类项目均需采用装配式建筑。2017年，上海市成功创建全国首批装配式建筑示范城市，5家企业获批国家装配式建筑产业基地。截至2020年底，累计12家企业获批国家装配式建筑产业基地。

上海市积极培育本市预制装配式混凝土构件生产能力，为加强构件质量监管，开展了预制构件企业登记和产品备案。截至2020年底，上海市装配式混凝土预制构件备案企业146家，上海市本地装配式构件企业35家，进沪装配式构件企业111家。合计设计产能达683万m^3，基本满足在建项目需求。

在上海市建设管理部门引领下，为调动和鼓励装配式建筑相关企业的积极性，通过加强信息沟通，提供政策业务培训，搭建技术研发平台，推进标准化、模数化，创造转型发展条件和环境等途径，引导开发企业加大装配式住宅项目投资开发力度，支持设计、施工、监理等企业及时调整业务结构，增强装配式建筑业务能力，引导区域内预制构件厂合理布局，提升预制构件的生产水平和能力，从而促进装配式建筑上下游产业链的快速发展，为大规模推进实施创造条件。同时，不断加强上下游产业联盟建设，将众多建筑开发、设计、部品生产、施工、监理、运营管理等企业联系起来，搭建由相关房产企业、设计单位、施工单位、构件生产企业和科研单位组成的装配整体式混凝土住宅产业联盟，加强产业技术互相交流，积累基础技术，共享基本经验，破除技术壁垒，形成"产、学、研、用"一体化，对上海市装配式建筑市场发展形成强有力的推动力。

1.2.2　政策全面引领，建立长效机制

　　上海是我国较早开展建筑工业化试点的城市之一。2001年，《上海市住宅产业现代化发展"十五"计划纲要》提出了推进住宅产业化的体制和机制。近几年，随着建筑产业化的不断深入以及建筑行业各领域工业化需求的增长，上海市又制定了具体的指标要求。2014年6月，《上海市绿色建筑发展三年行动计划（2014～2016）》（沪府办发〔2014〕32号），对2014～2016年本市新建民用建筑装配式建筑比例提出具体要求。同年11月，《关于推进本市装配式建筑发展的实施意见》（沪建管联〔2014〕0901号）要求，2016年外环以外装配式建筑的比例不少于50%，2017年起逐年提高；采用混凝土结构体系的装配式建筑单体预制率2015年不低于30%，2016年起不低于40%。2016年1月，上海市进一步提出了凡符合条件的新建民用、工业建筑全部采用装配式建筑的要求，且建筑单体预制率不低于40%。2016年7月，发布了《关于本市装配式建筑单体预制率和装配率计算细则》（沪建建材〔2016〕601号），规范了装配式建筑单体预制率和装配率的计算口径。为推进全装修住宅建设，上海市住房和城乡建设管理委员会于2016年8月发布了《关于进一步加强本市新建全装修住宅建设管理的通知》（沪建建材〔2016〕688号），提出凡出让的本市新建商品房建设用地全装修住宅面积占新建商品住宅面积（三层及以下的低层住宅除外）的比例要求。2016年9月，上海市住房和城乡建设管理委员会发布了《上海市装配式建筑2016～2020年发展规划》（沪建建材〔2016〕740号），提出了上海市装配式建筑"十三五"发展目标及主要任务。

　　在装配式建筑推进中，上海市以保障房为切入点，寻求新的突破。为推广EPC模式，发布了《关于推进本市装配整体式混凝土结构保障性住房工程总承包招投标的通知》（沪建市管〔2016〕47号），对投标资格、方式等作了规定，从政策上对此类工程项目中使用总承包方式给以鼓励和引导。为推进装配式建筑中BIM技术的实施应用，制定出台了《关于本市保障性住房项目实施建筑信息模型技术应用的通知》（沪建建管〔2016〕250号）及《本市保障性住房项目应用建筑信息模型技术实施要点》（沪建建管〔2016〕1124号），明确了在装配式建筑保障性住房项目中应用BIM技术的鼓励政策。为适应预制构件生产特点，鼓励科学合理实施构件采购，出台了《关于本市装配式混凝土建筑预制构

件采购的指导意见》（沪建市管［2017］71号），对预制构件的采购主体、划包方式、评审内容、分类方法、进度管理等各方面提出了详细的指导意见。

为鼓励建设单位实施装配式建筑，上海市加大政策扶持力度，研究出台了针对装配式建筑项目的规划奖励、资金补贴、墙材专项基金减免政策、差异化预售等激励政策。2016年6月，发布了《上海市建筑节能和绿色建筑示范项目专项扶持办法》（沪建建材联［2016］432号），提出对居住建筑装配式建筑面积达到3万m²以上，公共建筑装配式建筑面积2万m²以上，且单体预制率不低于45%或装配率不低于65%，且具有2项以上的创新技术应用的项目，每平方米补贴100元，单个项目最高补贴1000万元。随后制定了《上海市装配式建筑示范项目创新技术一览表》（沪建建材［2017］137号），列出13个类别的创新技术。

经过几年的摸索和实践，上海初步形成了推进装配式建筑发展的长效机制，成效显著。从推进机制来看，由分管副市长召集市规土、发改、住建、财政等20余个委办局组建的"上海市绿色建筑发展联席会议"，有效增强了装配式建筑推进政策制定和工作协调的力度。上海出台的系列装配式建筑扶持政策，起到了较好的市场激励作用。项目落地方面以土地源头控制为抓手，将装配式建筑建设要求写入土地出让合同。在土地出让、报建、审图、施工许可、验收等环节设置管理节点进行把关，确保了有关技术要求落实到位。为实施有效管理，建管信息系统按照装配式建筑的实施要求，在土地出让征询平台、土地出让合同、报建、施工图审查、施工许可、验收等环节设置管理节点，并在施工图审查备案证书、竣工验收备案证书上标注装配式建筑面积、结构形式、预制率、装配率等信息，形成装配式建筑闭口把关机制，确保装配式建筑项目得到有效实施和监管。

在大规模发展的同时，为加强质量和安全管理，建立装配式建筑项目"从工厂到现场、从部品部件到工程产品"的全过程监督管理制度，制定了《装配整体式混凝土结构工程施工安全管理规定》（沪建质安［2017］129号）、《关于进一步加强装配整体式混凝土结构工程质量管理的若干规定》（沪建质安［2017］241号），从设计、预制构件生产、施工、竣工验收全过程抓好装配式建筑安全和质量管理。同时，为提升设计文件审查环节管理水平，发布了《装配整体式混凝土建筑设计文件审查要点》《装配整体式混凝土建筑设计文件深度规定》。在构件生产环节，开展预制构件生产企业备案，部品构件实施首件试拼装；加强对构配件生产企业等市场准入管理；加强对安全质量影响较大的构件、部品的生产和使用管理。在施工环节，明确装配式五方主体责任，建立了深化设计施工方案论证、吊装令、持证上岗等制度，并注重抓好关键岗位管理，提高技能水平。

第2章

装配式混凝土结构

　　预制装配式混凝土结构简称PC（Prefabricated Concrete），其工艺是以预制混凝土为主要构件，经装配、连接，结合部分现浇而形成的混凝土结构。通俗来讲就是按照统一、标准的建筑部品规格制作房屋单元或构件，然后运至工地现场装配就位而生产的建筑，包括装配整体式混凝土结构、全装配式混凝土结构等。

　　装配整体式混凝土结构简而言之就是结构的连接以"湿连接"为主要方式（图2-1）。装配整体式混凝土结构具有较好的整体性和抗震性。目前大多数多层和全部高层装配式混凝土结构建筑采用装配整体式混凝土结构，有抗震要求的低层装配式建筑也多是装配整体式混凝土结构。

　　全装配混凝土结构是由预制混凝土构件采用干连接（如螺栓连接、焊接等，图2-2）方式形成整体的结构形式。通常一些预制钢筋混凝土单层厂房、低层建筑或非抗震地区的多层建筑采用该种结构形式。

　　装配式混凝土结构在满足预制率30%～40%时，可选的预制构件主要包含：预制柱、预制梁、预制剪力墙、外挂墙板、预制楼板、预制阳台板、预制飘窗、预制空调板、预制女儿墙、装饰柱等。

　　依据我国国情，目前应用最多的装配式混凝土结构体系是装配整体式混凝土剪力墙结构，装配整体式混凝土框架结构也有一定的应用，装配整体式混凝土框架-剪力墙结构有少量应用。《中共中央 国务院关于进一步加强城市规划建设管理工作的若干意见》、国务院办公厅《关于大力发展装配式建筑的指导意见》明确提出发展装配式建筑，装配式建筑正进入快速发展阶段。

图 2-1　湿连接

图 2-2　干连接

2.1　居住建筑适用体系

居住建筑根据层数的不同可分为低多层住宅、中高层住宅和超高层住宅。

上海市地方标准《装配整体式混凝土居住建筑设计规程》DG/TJ 08—2071—2016对装配式居住建筑的最大适用高度和高宽比做了如下规定：各类装配整体式居住建筑的最大适用高度应符合表2-1的规定，并应符合下列规定：

（1）当结构中竖向构件全部为现浇且楼盖采用叠合梁板时，最大适用高度可按现行行业标准《高层建筑混凝土结构技术规程》JGJ 3中的规定采用。

（2）装配整体式剪力墙结构和装配整体式部分框支剪力墙结构，在规定的水平力作用下，当预制剪力墙构件底部承担的总剪力大于该层总剪力的50%时，最大适用高度应适当降低。

装配整体式混凝土居住建筑的最大适用高度（m）　　　　　表2-1

结构体系	最大适用高度	
	7度	8度
装配整体式框架结构	50	40
装配整体式框架–现浇剪力墙结构	120	100
装配整体式框架–现浇核心筒结构	130	100
装配整体式剪力墙结构	100	80
装配整体式部分框支剪力墙结构	80	60
装配整体式异形柱框架结构	21	12
装配整体式异形柱框架–现浇剪力墙结构	40	28

注：对平屋面或不大于45°的坡屋面，其房屋高度指室外地面到主要屋面板板顶高度，不包括局部凸出屋顶部分；对大于45°的坡屋面，其房屋高度指室外地面到坡屋面的1/2高度处。

装配整体式结构的高宽比不宜超过表2-2的规定。

将上海市地方标准与相关国家规范和行业标准针对装配整体式剪力墙的最大适用高度进行对比，如表2-3所示。

装配整体式结构的最大高宽比　　　　　　　　　　　表2-2

结构体系	最大高宽比	
	7度	8度
装配整体式框架结构	4	3
装配整体式框架–现浇剪力墙结构	6	5
装配整体式框架–现浇核心筒结构	7	6
装配整体式剪力墙结构	6	5
装配整体式异形柱框架结构	3.5	2.5
装配整体式异形柱框架–现浇剪力墙结构	4.5	3.5

装配整体式剪力墙结构不同规范标准的最大适用高度对比（m）　　表2-3

规范标准名称	最大适用高度	
	7度	8度（0.2g）
《装配整体式混凝土居住建筑设计规程》DG/TJ 08—2071—2016	100	80
《装配式混凝土建筑技术标准》GB/T 51231—2016	110（100）	90（80）
《装配式混凝土结构技术规程》JGJ 1—2014	110（100）	90（80）

注：当预制剪力墙构件底部承担的总剪力大于该层总剪力的80%时，最大适用高度应取表中括号内的数值。

　　由表中数值可以看出，上海市地方标准相较于国家规范和行业标准对于装配整体式剪力墙结构的最大适用高度减低10m，设计上更偏保守。

2.1.1　低多层住宅

　　对于低多层住宅，可以分解为低层住宅和多层住宅。低层住宅一般指一层至三层的住宅。通常与较低的城市人口密度相适应，多存在于城市郊区和小城镇，但目前一些较高档的小区也多采用低层住宅，例如联排或叠拼的别墅。多层住宅一般指六层及以下的小区，有着广泛的应用，特别适用于建筑高度限制在18m以下的地区，如上海崇明。本节主要介绍了适用于低多层住宅的装配式剪力墙结构、装配式墙板结构和装配式整体异形柱框架三种体系。低多层住宅项目见图2-3。

图 2-3　低多层住宅项目

1．多层装配式剪力墙结构体系

多层装配式剪力墙结构体系是指在低多层建筑中应用的剪力墙结构，目前住宅项目多采用高低配的形式，即一个项目同时具有低、多层又有高层住宅，对于低多层住宅为满足装配式建筑相关政策文件规定的单体预制率要求（如上海要求预制率40%），同时为保持同一项目构件的一致性，也通常采用装配整体式剪力墙结构。但低、多层建筑采用剪力墙结构易使结构刚度过大，钢筋混凝土剪力墙体系混凝土用量大于其他结构形式，不符合资源节约的特点，使得工程造价偏高。

【案例2-1】建发宝山顾村镇——叠拼联排

宝山区顾村镇N12-1101单元06-01地块商品房项目，建设地点位于上海市宝山区顾村镇，项目四至范围：东至富长路，南至联谊路，西至共宝路，北至联汇路。总用地面积70210.4m²，总建筑面积205007.77m²，其中地上建筑面积132884.87m²，共37个单体，1～26号为低多层叠拼联排，建筑高度为9.6m、11.22m和12.5m三种；27～37号为高层住宅，建筑高度为49.99m，其中1号配套用房为框架结构，其余为剪力墙结构（图2-4～图2-7、表2-4）。

2．多层装配式墙板结构体系

装配式混凝土墙板结构是以预制墙板构件为主要受力构件经现场装配连接成整体的混凝土结构。装配式混凝土墙板结构体系是预制装配式混凝土结构（PC）的一个发展方向，它有利于促进建筑工业化的发展，减少现场施工、提高施工效率、降低物料消耗、减少环境污染、推动绿色建筑的发展。

图 2-4 鸟瞰图

图 2-5 效果图

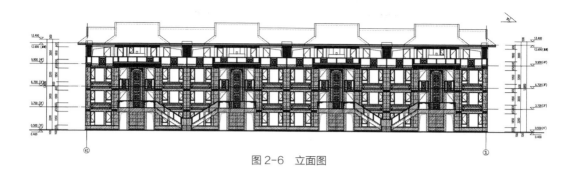

图 2-6　立面图

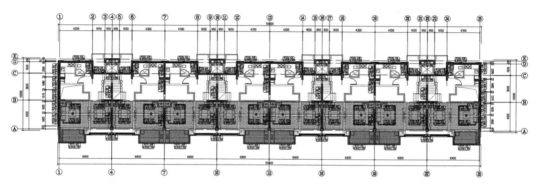

图 2-7　预制构件平面布置图

低多层单体预制装配率

表2-4

单体	结构体系	装配范围	现浇混凝土量（m³）	预制混凝土量（m³）	单体预制率（%）
2号、3号、4号、5号、8号、11号、21号、24号、26号	装配整体式剪力墙	1～4层	396.80	272.57	40.72
6号、9号	装配整体式剪力墙	1～3层	298.28	200.62	40.21
7号、10号、14号、15号、18号、19号、22号	装配整体式剪力墙	1～3层	313.09	213.39	40.53
12号、16号	装配整体式剪力墙	1～3层	195.03	141.64	41.07
13号、17号	装配整体式剪力墙	1～3层	215.18	155.72	40.98
20号、23号、25号	装配整体式剪力墙	1～4层	479.53	325.49	40.43

　　多层装配式墙板结构技术一般适用于6层及以下的丙类建筑，3层及以下的建筑甚至可以采用多样化的全装配式剪力墙结构技术体系。多层剪力墙结构体

系目前应用较少，但基于其高效简便的特点，在新型城镇化的推进过程中具有很好的应用前景。

中国土木工程学会标准《装配式多层混凝土墙板建筑技术规程》T/CCES 23—2021中对装配式多层混凝土墙板结构进行了更具体详细的规定。

多层墙板建筑最大适用高度和对应的最大层数应符合表2-5的规定，并应符合下列规定：

当预制墙板外墙转角竖向接缝采用螺栓连接时，抗震设防烈度为6度、7度的房屋高度不应大于15m，住宅建筑不应多于5层、公共建筑不应多于4层，抗震设防烈度为8度的房屋高度不应大于12m，住宅建筑不应多于4层、公共建筑不应多于3层。

当采用全预制楼盖时，抗震设防烈度为6度、7度的结构高度不应大于12m，层数不应多于3层；抗震设防烈度为8度的结构高度不应大于9m，层数不应多于2层。

多层墙板建筑最大适用高度和最大层数   表2-5

建筑类型	抗震设防烈度							
	6度		7度		8度（0.2g）		8度（0.3g）	
	高度（m）	层数	高度（m）	层数	高度（m）	层数	高度（m）	层数
居住建筑	27	9	24	8	21	7	18	6
公共建筑	24	6	24	6	21	5	18	4

多层墙板结构的高宽比不宜超过表2-6的规定数值。

多层墙板结构适用的最大高宽比   表2-6

抗震设防烈度	6度	7度	8度
最大高宽比	3.5	3.0	2.5

多层装配式墙板结构纵横墙板交接处及楼层内相邻承重墙板之间可采用水平钢筋锚环灌浆连接。预制剪力墙水平接缝比较简单，其整体性及抗震性能主要依靠后浇暗柱及圈梁的约束作用来保证，因此对于三级抗震结构的转角、纵横墙交接部位应设置后浇混凝土暗柱。对应于预制墙板中构造柱的位置应设置连接节点，可

采用精轧螺纹钢筋组件连接，也可在构造柱中心位置设置单根连接钢筋，并采用套筒灌浆连接，连接钢筋宜在墙板内贯通。竖向接缝可采用钢丝绳拉结组件连接或螺栓组件连接（图2-8~图2-10）。

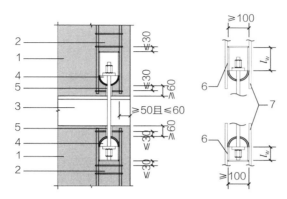

图 2-8　精轧螺纹钢筋连接节点构造示意

1—预制墙板；2—构造柱；3—楼板；4—精轧螺纹钢筋组件；5—精轧螺纹钢筋插入孔；
6—精轧螺纹钢筋组件与构造柱纵筋焊缝；7—构造柱纵筋

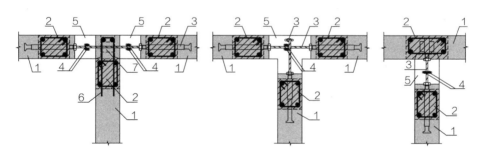

图 2-9　竖向接缝钢丝绳组件拉结连接构造示意

1—预制墙板；2—构造柱；3—钢丝绳拉结组件；4—附加纵筋；5—竖向接缝；
6—附加开口箍筋；7—预留孔

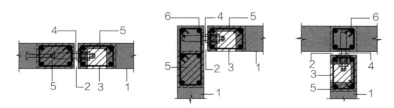

图 2-10　竖向接缝螺栓组件连接构造示意

1—预制墙板；2—竖向接缝；3—操作手孔；4—螺栓组件；5—构造柱；6—节点域构造柱

　　低、多层装配式墙板结构体系可广泛应用于新农村、新城镇建设，推动农村住宅产业化发展结合精准扶贫的意义重大，同时随着我国新农村建设的蓬勃发展以及我国城镇化率的不断提高，建筑业的增加值在全国GDP中所占的比重会越来越高，对整个经济的带动作用也会越来越大，提高绿色建筑质量和数量、减少环境污染是实现住宅工业化未来发展的趋势。

　　目前关于装配式混凝土墙板结构的研究主要集中在钢筋的连接、墙板节点、构件的力学性能研究方面，对于其结构整体抗震性能的研究和建筑的使用功能研究方面相对较少，使装配式混凝土墙板结构在高烈度地震区和建筑结构功能要求高得多的地区推广存在着理论上和实践上的制约，综合国内外研究现状，低多层装配式建筑的技术发展可从以下几个方面开展：

　　（1）从单一功能向多功能墙板结构发展是未来装配式混凝土墙板结构的发展方向。

　　（2）装配式混凝土剪力墙结构节点的试验研究已取得一定的成果，但是在设计分析中如何建立正确的计算模型，使其能够很好地模拟装配式节点的受力特点，即如何实现科研成果与设计应用很好的搭接，还有待进一步研究。

　　（3）发展预制墙板结构的细部构造，墙板接缝之间的隔热、防水的处理以及发展抗火、耐老化以及膨胀收缩较好的密封材料，使之较好地满足房屋的使用要求和建筑的功能要求。

　　（4）推进生产企业标准化建设，建立企业自身墙板体系的行业标准，不断推进新型墙材行业科技进步，提高新型墙材企业的产品标准化水平。

3．装配整体式异形柱框架

　　异形柱框架结构主要是指与梁组成框架结构的结构柱不是矩形截面，而是T形、L形、Z字形及十字形截面。预制装配式异形柱框架将预制混凝土结构和异形柱框架结构有机结合起来，兼有预制混凝土结构和异形柱框架结构的优点，是适用于多低层建筑的绿色、低碳的新型建筑形式。

　　异形柱框架结构与其他结构形式相比存在如下优点：

　　（1）房间内部无凸角，既增加了房屋有效使用面积，又方便用户进行装饰。

　　（2）柱网布置灵活，墙体不参与结构受力，仅起围护作用。比起造价较高及位置固定的剪力墙结构，用户可以按照自己意愿重新对使用空间进行分割，

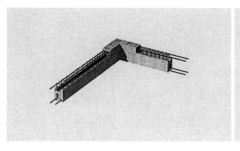
（a）L形预制叠合梁

（b）L形预制柱

图 2-11　预制叠合梁、预制柱示意图

满足用户的不同需求。

（3）异形柱框架结构的造价高于砖混结构，但比普通的框架结构、剪力墙结构低。对于中低层住宅建筑而言，其经济性良好。

（4）相比于矩形截面柱，异形柱自身的刚度更大，间接地提升了结构的整体刚度（图2-11）。

根据行业标准《混凝土异形柱结构技术规程》JGJ 149—2017中第3.1.4-4条规定，异形柱结构的柱、梁、楼梯、剪力墙均应采用现浇结构；抗震设计时，楼板宜采用现浇，也可采用现浇层厚度不小于60mm的装配整体式叠合楼板。同时，上海市地方规程《钢筋混凝土异形柱结构技术规程》DG/TJ 08—009—2002 中第3.1.3条也规定："异形柱结构应采用现浇钢筋混凝土结构"。

故根据相应规程要求，对于装配式异形柱框架结构的梁、柱均不应采用预制。同时，低层住宅因使用功能要求，梁、柱截面均较小，采用预制梁柱，钢筋排布和施工安装均比较困难。因此，该类型建筑的预制构件可采用标准化程度较高的预制叠合楼板、预制外围护墙板和预制楼梯三种类型的构件。

【案例2-2】临港新城万祥社区A0403地块项目

该项目位于上海浦东新区万祥镇，隶属于临港新城。总体规划共5个地块，其中B0301地块已经在建，本项目为其中A0403地块。

A0403地块西侧临规划市政道路W4路，北侧为已建紫丁香花园，南侧为新城港河，东侧为Y9路河。地块中间部位设置跨新城港河的桥梁，将用地与规划W10道路连接起来（图2-12）。

图 2-12　鸟瞰图

图 2-13　效果图

该项目基地内地上建筑为42栋低层联排住宅，以及垃圾站、门卫室、业委会、物管用房等配套用房；低层联排住宅共2层，建筑高度为7.65m，一层层高3.6m，二层3.1m，低层住宅计容面积26661.94m²；配套用房计容面积为248.48m²，其中业委会和物管用房位于27号楼，其他为独立建筑（图2-13）。

本项目为低密度中式风格联排住宅，立面造型复杂并且基本户型之间存在退进关系。地块共有5个基本户型：H1～H5，每个基本户型为满足建筑立面风格要求而演化出多个衍生户型，共42栋楼。

因该项目均为两层住宅，总高度较低，地震影响小，所以可以将重复率较高的楼梯选为预制构件，提高预制率的同时，选择楼梯构件有利于提高标准化率、提升施工安装速度、降低成本。该项目共可采用预制桁架叠合楼板、预制混凝土外围护墙板、预制混凝土楼梯共三种预制构件（图2-14～图2-16）。

图 2-14 立面图

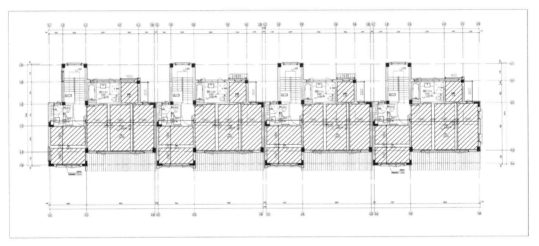

图 2-15 5 号楼二层预制楼板平面布置图

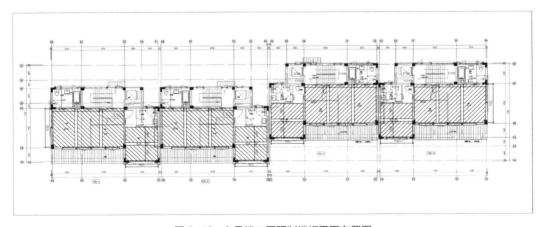

图 2-16 8 号楼二层预制楼板平面布置图

【案例2-3】东滩启动区CMS-0501单元

本项目位于上海市崇明区东滩启动区，东至规划公共绿地，西至规划明慈路、颐湖路，南至清悠河、规划东滩大道，北至规划生态公园。项目总用地92532m²，建筑面积为178525m²，项目由三层合院联排别墅、四层公寓洋房和四层保障房组成，主力产品为L形低层合院别墅和80m²多层公寓（图2-17、图2-18）。

图 2-17 鸟瞰图

图 2-18 效果图

项目考虑到钢结构住宅后期装修振动、成本提高、需定期修复防火防腐涂层及用户接受度低的因素，决定采用钢筋混凝土结构体系。根据本工程的建筑方案，初步拟定采用普通钢筋混凝土框架结构、钢筋混凝土异形柱框架结构、钢筋混凝土剪力墙结构。通过对三种结构体系的比选，钢筋混凝土剪力墙体系混凝土用量明显大于另外两者，不符合资源节约的特点；钢筋混凝土框架结构体系有梁柱凸出，不利于后期装修，用户在居住舒适度方面接受度低，最终选择钢筋混凝土框架结构体系。各单体结构形式见表2-7。

单体结构形式 表2-7

单体	三层别墅	四层公寓	四层保障房
结构形式	异形柱框架结构	异形柱框架结构	异形柱框架结构
抗震等级	三级	三级	三级

根据《混凝土异形柱结构技术规程》JGJ 149—2017第3.1.4-4条规定，异形柱结构的柱、梁、楼梯、剪力墙均应采用现浇结构。本项目各单体对楼板和外围护墙体进行预制，同时阳台和空调板可采用预制叠合楼板的方式建造。

厨房、卫生间及露台等易有渗漏风险的位置采用现浇。楼电梯间及过道等公共区域机电管线较多，采用现浇。坡屋面采用现浇。窗顶标高同梁底标高，带窗构件无法形成封闭回字形构件，构件施工吊装难度较大，也采用现浇。最终，单体预制率为25% ~ 27%（图2-19）。

通过对装配整体式异形柱框架结构案例的分析，可以看出，装配整体式异形柱框架结构体系的推广应用存在以下亟待解决的问题。

1）由于相关规范的规定，装配整体式混凝土异形柱框架结构的柱、梁、楼梯、剪力墙不应采用预制，故可预制构件的类型及范围较少，在目前上海预制率的要求难以实现的情况下，建议在装配整体式混凝土异形柱框架结构的设计中注重标准化，加强装配式外围护墙板的应用，引导采用提高装配率的方式来满足指标要求；

2）加强对装配整体式混凝土异形柱框架结构的研究，采用可靠的连接形式和计算方法，加强核心区的受力性能，实现预制梁柱构件间高效可靠的连接；

3）加强项目的标准化设计，减少复杂多变的户型，在个性化、多样化和

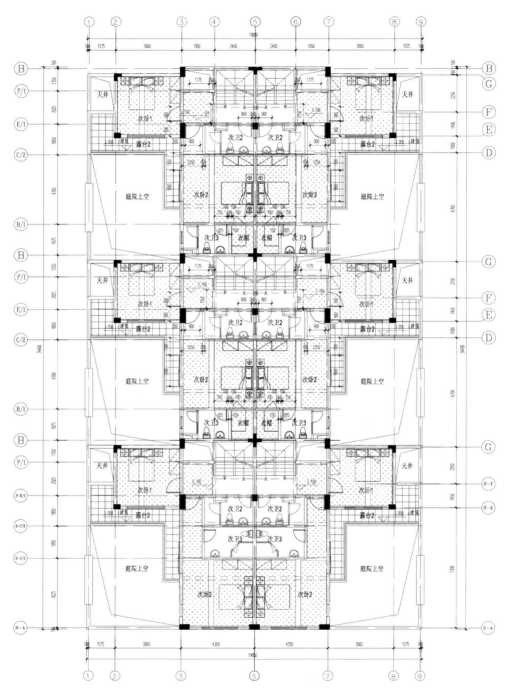

图 2-19　预制水平构件布置图

标准化中找平衡，以实现项目的高质量、低能耗建设的实施。

2.1.2　中高层住宅

高层居住建筑一般可采用装配整体式剪力墙结构和装配整体式框架–剪力墙结构。中高层住宅是介于多层和高层之间的一种居住形式，与多层住宅相比增加了电梯，在提高居住舒适性的同时相应增加了住宅的交通面积，且提高了造价。

1．装配式剪力墙结构体系

装配式剪力墙结构是指剪力墙全部或者是部分采用预制构件，通过节点部位的后浇混凝土来形成的具有可靠的传力机制，并能够满足承载力和变形要求的剪力墙结构。根据剪力墙预制构件占整体结构构件的比例又可以细分为全预制剪力墙结构和部分预制剪力墙结构。全预制剪力墙结构指的是内外墙全预制、只有节点部分现浇的剪力墙结构，部分预制剪力墙结构即指的是内墙现浇、外墙预制的剪力墙结构。

装配式剪力墙结构工业化程度高，无梁柱外露，房间空间完整；整体性好，承载力强，刚度大，侧向位移小，抗震性能很好，在高层建筑中应用广泛；除此之外，装配式剪力墙结构的预制外墙还可将保温、装饰、防水、阳台及凸窗一起预制从而可最大程度地发挥装配式结构的优势。

工程中常用的装配式混凝土剪力墙结构根据竖向构件的预制形式可分为以下几种：装配整体式剪力墙结构、装配整体式叠合混凝土剪力墙结构、复合模壳剪力墙结构、PCTF结构。

（1）装配整体式剪力墙

装配整体式预制剪力墙结构通过竖缝节点区后浇混凝土和水平缝节点区后浇混凝土带或圈梁实现结构的整体连接。这种剪力墙结构工业化程度高，预制内外墙均参与抗震计算，但对外墙板的防水、防火、保温的构造要求较高，是《装配式混凝土结构技术规程》JGJ 1—2014中推荐的主要做法（图2-20）。

该体系主要技术特点为：

1）构件平面规则，构件简单，加工方便，节省模具成本，质量好控制，运输、安装过程中不易损坏，现场工人操作方便；

图2-20 装配整体式剪力墙结构

2）构件重量适宜，节省塔吊成本；

3）通用性高，招标采购无限制，供货有保障，大部分生产厂家均可加工；

4）套筒需关注灌浆封堵问题。

【案例2-4】建发宝山顾村镇——高层住宅

宝山区顾村镇N12-1101单元06-01地块商品房项目基本资料与【案例2-3】相同，其中，27～37号为高层住宅，建筑高度为49.99m，结构形式为装配整体式剪力墙结构（图2-21～图2-24），预制构件类型为：预制墙板、预制梁、预制楼板、预制楼梯、预制阳台、预制凸窗及预制空调板，单体预制率均达到45%以上，详细高层单体预制装配率见表2-8。

图 2-21 效果图

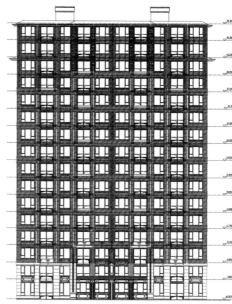

图 2-22 立面图

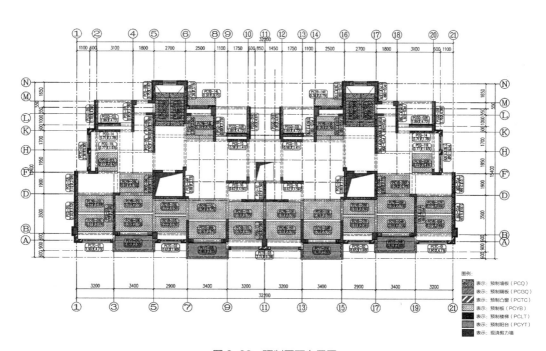

图 2-23 预制平面布置图

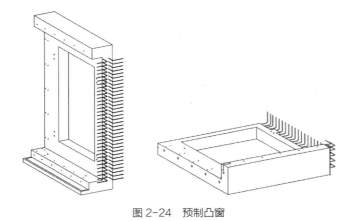

图 2-24　预制凸窗

高层单体预制装配率　　　　　　　　　　　　　表2-8

单体	结构体系	装配范围	现浇混凝土量（m³）	预制混凝土量（m³）	单体预制率（%）
27号、28号、30号、33号	装配整体式剪力墙	1~16层	1280.04	1060.50	45.31
29号	装配整体式剪力墙	1~17层	2493.78	2913.30	45.47
31号	装配整体式剪力墙	1~16层	1973.29	1649.43	45.53
32号、35号	装配整体式剪力墙	1~16层	1882.70	1568.00	45.44
34号	装配整体式剪力墙	1~16层	2567.82	2158.52	45.67
36号	装配整体式剪力墙	1~16层	2567.82	2158.52	45.67
37号	装配整体式剪力墙	4~17层	3406.88	1544.34	45.33

【案例2-5】绿地重固

　　本工程为青浦重固镇福泉山路南侧16-02地块普通商品房项目，项目位于上海市青浦区重固镇，东至崧建路，南至大陆家浜河，西至重艾路，北至福泉山路。高层地上16层、地下1层，建筑高度49.65m、49.95m（底层商业），采用剪力墙结构。保障性住宅地上17层，地下1层，建筑高度49.75m。洋房地上8层，地下与机动车库相连通，建筑高度24m。地下机动车库，层高3.3m（图2-25）。

　　高层住宅1~25号楼均采用装配整体式剪力墙结构体系，主要预制构件为

图 2-25 效果图

预制内外墙板、预制阳台板、预制凸窗、预制空调板、预制楼梯等，单体预制装配率不低于40%。竖向构件内外墙板采用套筒连接。各预制构件水平连接通过接缝处现浇带整体浇筑，满足刚性楼板计算假定。本项目所采用结构体系等同现浇（图2-26～图2-28、表2-9）。

（2）叠合剪力墙

叠合板式剪力墙结构体系，是指由叠合式墙板和叠合式楼板辅以必要的现浇混凝土剪力墙、边缘构件、梁、板共同形成的剪力墙结构。叠合剪力墙根据墙体做法的不同可分为单面叠合剪力墙和双面叠合剪力墙。

单面叠合剪力墙（即PCF），其主要特点为预制的外墙模含外饰面，施工时外墙模与现浇剪力墙叠合，形成整体受力体系。

PCF体系已经有较多项目实践，例如万科浦东金色里程、浦东金色城市等项目，技术基本成熟，预制的外墙板施工质量上如若得以保证，其最终外立面效果与建筑信息模型里的方案效果图能保持高度的统一。其缺点也比较明显，例如外墙模不参与受力、墙体利用效率低、预制构件与现浇部分连接钢筋比较多，现场施工比较复杂，工人操作困难，以至于影响项目开发进程等，成为其大批量应用及向市场广泛推广的主要障碍。目前装配式设计市场上，对于此种

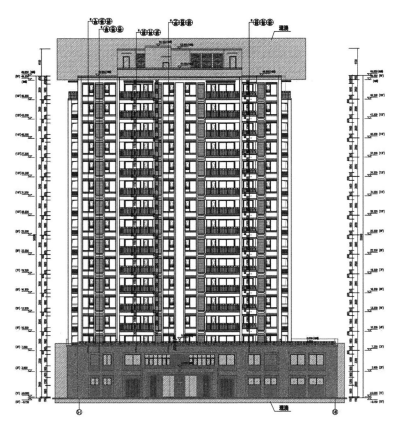

图 2-26 立面图

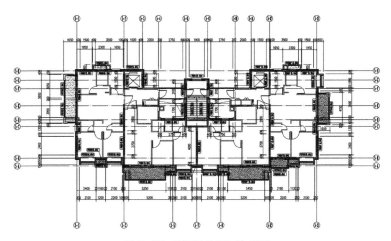

图 2-27 预制构件平面布置图

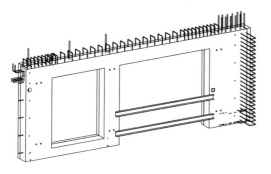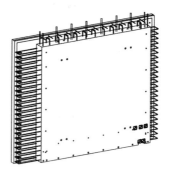

图 2-28 预制墙板三维构件详图

单体预制装配率　　　　　　　　　　　　　　表2-9

单体	结构体系	装配范围	单体预制率（％）	外表面积比（％）
1号楼	装配整体式剪力墙结构	3～17层	41.0	75.6
2～5号、23～25号楼	装配整体式剪力墙结构	3～16层	42.5	68.9
6～9号楼	装配整体式剪力墙结构	3～8层	40.7	73.0
10号、11号、12号、20号楼	装配整体式剪力墙结构	3～8层	40.2	67.0
13号、14号、18号、21号楼	装配整体式剪力墙结构	3～8层	40.3	67.4
15号、22号楼	装配整体式剪力墙结构	3～8层	40.4	76.9
16号楼	装配整体式剪力墙结构	3～9层	41.8	69.9
19号楼	装配整体式剪力墙结构	3～9层	40.7	66.8

体系的应用已相对较少（图2-29）。

　　装配整体式双面叠合混凝土剪力墙结构将剪力墙从厚度方向划分为三层，内外两侧预制，通过桁架钢筋连接，中间现浇混凝土，墙板竖向分布钢筋和水平部分钢筋通过附加钢筋实现间接连接。双面叠合混凝土剪力墙现场安装就位后，在两层板中间浇筑混凝土并采取规定的构造措施，同时预制叠合剪力墙与边缘构件通过现浇连接，提高整体性，共同承受竖向荷载与水平力作用。图2-30为叠合墙板三维模型示意图，图2-31为预制双面叠合墙板的示意图。

　　装配整体式双面叠合混凝土剪力墙结构的竖向受力钢筋布置于预制双面叠合墙内，在楼层接缝处布置上下搭接受力钢筋，并在预制双面间隙内浇筑

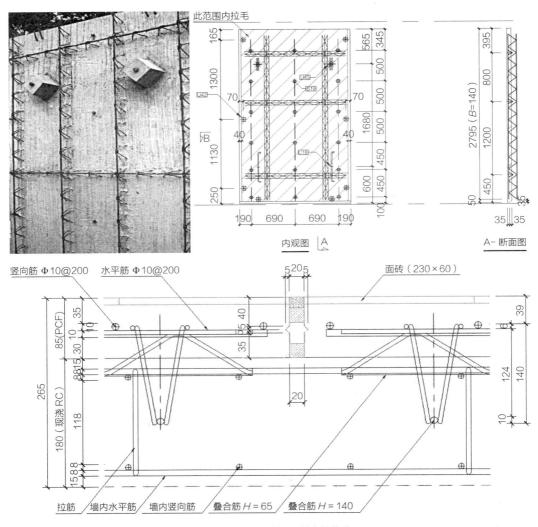

图 2-29 PCF 墙板及其连接构造

混凝土形成双面叠合剪力墙。国家标准《装配式混凝土建筑技术标准》GB/T
51231—2016中明确该结构适用于抗震设防烈度8度及以下地区、建筑高度不超
过90m的装配式房屋。

目前，上海宝业的双面叠合技术已有多个项目应用，包括万华城项目、爱多
邦项目等。三一筑工研发的SPCS体系，其双面叠合墙板采用成型焊接钢筋笼技术
连接内外叶墙板，形成预制空心墙，SPCS体系已取得多项研发成果（图2-32）。

图 2-30　叠合墙板三维模型示意图

图 2-31　双面叠合剪力墙

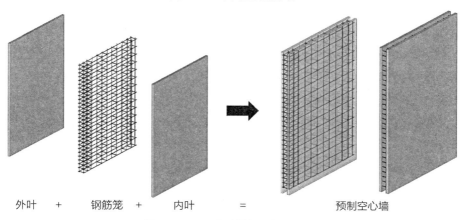

外叶　　+　　钢筋笼　　+　　内叶　　=　　预制空心墙

图 2-32　三一叠合墙板示意图

【案例2-6】万科金色里程

本项目位于上海市浦东新区中环线内，背靠川杨河及沿河高压走廊，东依中汾泾，南临高青路，西侧为盛苑路，总用地面积为69413.7m²，总建筑面积为135798.57m²（图2-33）。

本项目是国内首个将工业化预制装配式技术大规模应用到商品住宅的项目。本工程的建筑主体结构形式为剪力墙，外挂预制混凝土墙板、预制混凝土阳台、凸窗、空调板、预制混凝土楼梯等构件，承重剪力墙、楼板、梁采用现浇。采用叠合剪力墙PC体系，预制外墙模（含外饰面，外墙模叠合）+现浇剪力墙、反打面砖、窗框预埋工艺。外墙面砖工厂内统一铺贴成型，粘贴牢固，外观效果精准。采用工厂化制作解决外墙裂缝、泛白、渗水、面砖脱落等普遍存在的问题。预制外墙模与现浇剪力墙接合部位，叠合板的叠合筋或接驳螺栓或插筋与浇筑混凝土拉结构成完整墙体。接缝处采用多道防水措施，一次防水由外侧的硅胶来实现，二次防水由现浇混凝土部分来实现，防水效果可行有效。构件工厂制作保质、保量地提前生产，建造速度明显加快，减少人力投入，施工质量可控，减少模板使用量。由于窗框预埋、面砖反打可使

图2-33　鸟瞰图

外脚手架提前撤出，内装修施工可以提前进场，缩短总工期。施工数据如下：传统需要10个月完成的工作量，采用预制结构体系后，仅需8个月时间即可完成，工业化生产将施工时间缩短了20%，而且节约了50%的劳动力（图2-34～图2-36）。

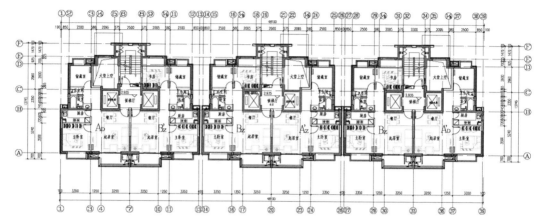

图 2-34　高层住宅平面图

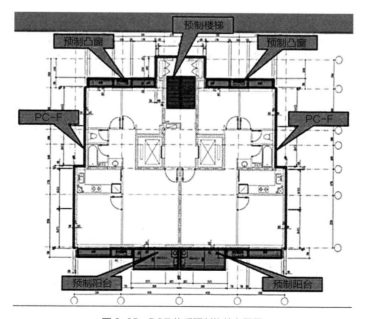

图 2-35　PCF 体系预制构件布置图

图 2-36　建成实景

【案例2-7】宝业爱多邦

　　宝业爱多邦项目位于青湖东路近沪青平公路，项目总用地面积27938.2m²，规划要求容积率2.0。建筑高度控制在60m以下。

　　工程规模：本项目用地面积为27938.2m²，由8栋16～18层装配式住宅（其中8号楼裙房为商业配套）、一座地下车库、一座垃圾房和两座变电站组成，总建筑面积84312.35m²，其中地上建筑面积56917.49m²（其中计容面积为55875.53m²），地下建筑面积为26594.86m²。住宅楼层数为16～18层，标准层层高2.95m。

　　总平面图以及建筑设计图纸如图2-37～图2-40所示。

图 2-37　总平面图

　　本项目建筑面积100%实施装配式建筑，单体预制混凝土装配率≥45%。

　　本项目各单体建筑概况如表2-10所示，预制率、外墙面积及装配结构体系见表2-11。装配式应用范围见图2-41。

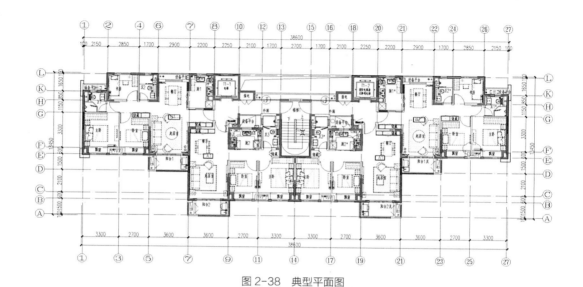

图 2-38　典型平面图

图 2-39　鸟瞰图

图 2-40　立面效果图

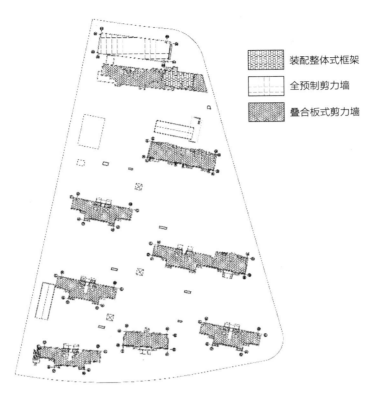

图 2-41 装配式应用范围

各单体建筑概况表 表2-10

楼号	建筑面积（m²）	建筑高度（m）	地上层数
1号楼	6151.70	54.55	18
2号楼	4354.08	48.65	16
3号楼	5474.18	48.65	16
4号楼	6151.70	54.55	18
5号楼	9835.10	54.55/48.65	18/16
6号楼	5812.94	50.35	17
7号楼	7828.58	54.55/48.65	18/16
8号楼住宅部分	10980.21	54.55/51.60	18/17
8号楼商业部分	20.00	8.10	2
地下车库	21414.84		

预制单体结构概况表 表2-11

楼号	预制体积（m³）	现浇体积（m³）	总体积（m³）	预制率（%）	外墙预制比例（%）	装配式结构体系
1号/4号	747.37	1652.54	2388.89	50.4	61.23	叠合板式剪力墙
2号	542.81	1148.10	1690.81	50.1	88.30	叠合板式剪力墙
3号	651.25	1490.52	2130.75	49.6	61.23	叠合板式剪力墙
5号	1213.04	2568.56	3781.60	50.6	85.20	叠合板式剪力墙
6号	699.31	1571.53	2259.82	49.9	61.23	叠合板式剪力墙
7号	999.96	1930.40	2930.36	51.4	80.74	叠合板式剪力墙
8号	1468.21	2537.77	4005.98	58.5	89.58	叠合板式剪力墙全预制剪力墙装配整体式框架

本项目所有住宅单体皆采用装配式剪力墙结构体系，主要预制构件包含叠合式墙板、全预制剪力墙、叠合板、叠合梁、预制阳台、预制空调板；各单体采用的预制率、外墙面积率、装配式结构体系见表2-11，单体预制率皆大于45%，满足相应的土地出让文件要求。以4号楼单体为例，单体预制率为50.4%。

1）预制构件平面拆分图

对4号楼单体内的预制构件代号汇总如表2-12所示。

预制构件代号 表2-12

预制构件种类	预制构件代号	预制构件种类	预制构件代号
预制外墙	YWQ	叠合梁	YKL
预制内墙	YNQ	预制梁	DKL、DLL
叠合楼板	DLB	预制阳台	YYTB
预制楼梯	YLT	预制空调板	YKTB

预制构件的平面图、立面布置图，通过不同的填充图例对预制构件与现浇节点进行区分。图纸内容包括构件编号、尺寸、重量安装方向、支撑方向等，为现场施工提供可靠的数据支持。楼板切分包括叠合板接缝位置，钢筋的搭接长度，水电预埋位置等。图2-42为预制构件的平面拆分图。

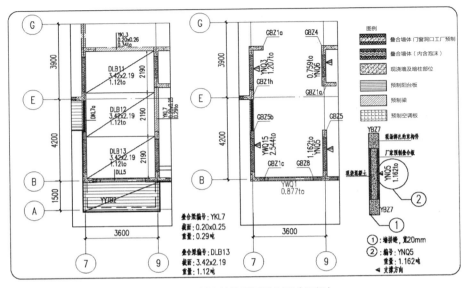

图 2-42　预制构件的平面拆分图（局部）

2）构件拆分的原则

①综合立面表现的需要，结合结构现浇节点及装饰挂板，合理拆分外墙。

②注重经济性，通过模数化、标准化、减少预制构件类型、节约造价。

③预制构件的大小考虑工程的合理性、经济性、运输的可能性和现场的吊装能力。对于4号楼出现的预制构件的最大尺寸及重量统计如表2-13所示。

最大预制构件尺寸及重量统计表　　　　　　　　表2-13

预制构件名称	预制构件编号	尺寸（m）	重量（t）
预制墙板	YWQ15	3.70 × 2.75	2.544
预制楼板	DLB2	1.97 × 5.12	1.513
预制阳台	YYTB2	3.80 × 1.52	2.480

综上，本项目单块预制外墙板重量不大于3t。为减轻构件自重，降低运输和吊装难度，使板块划分和塔吊选择更为自由；同时为了满足计算模型的假定，部分山墙及窗下墙采用填充泡沫板等减重、减刚度的措施。

3）预制构件的连接节点

为进一步提高装配式混凝土结构的经济性，考虑到现浇部分的结构边缘构件标准化，所有一字形构件尺寸为200×400，L形构件尺寸统一为300×300，100×300，T字形构件尺寸为400×500，节约了铝模板的品种和数量，有效地减少了装配式建筑的造价（图2-43～图2-45）。

叠合板式混凝土剪力墙结构体系是一种可复制、可推广的创新结构体系。整体爬升式平台操作系统通过模块化拼装、适应任何施工要求，具有安全性高、快速施工、运用高效、立面整洁等优点，与预制混凝土装配式建筑具有较高的契合度，更能提升装配式建筑的现场管理水平。装修单位提前介入，与设计单位共同设计，提前发现土建与装修过程中的问题，加强管控。大量工业化部品部件的使用，如整体橱柜、基于大空间的隔墙系统等，保证装修质量、加快工期、提高效率。

宝业爱多邦项目通过优化的整体设计及连接构造，在实施过程中引入BIM技术以实现建筑信息化管理，并通过试验和有限元的方法对预制构件的性能进行研究和探讨。在项目的实施和推进过程中，设计、生产、施工单位间密切交流沟通，为装配式建筑的顺利实施提供了坚实的基础。通过不断学习、交流、探索和总结，团队在建筑信息化的道路上迈出了坚实的一步，相关成果将为推动我国建筑工业化的发展贡献一分力量。

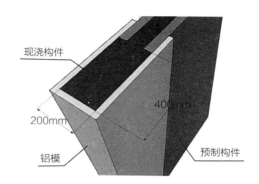

图 2-43　一字形现浇构件

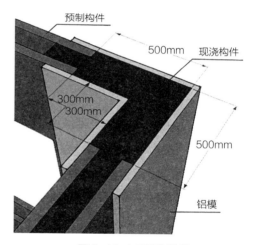

图 2-44　L 形现浇构件

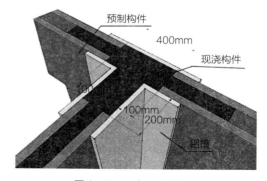

图 2-45　T 字形现浇构件

（3）复合模壳剪力墙

装配式复合模壳剪力墙体系，是指在施工现场装配化安装模壳构件后，在模壳内安装钢筋骨架并后浇筑混凝土形成的混凝土剪力墙体系，简称模壳剪力墙体系。模壳构件由模板+钢筋骨架+集成机电管线组成（图2-46），采用工厂化预制生产，主要包括模壳剪力墙、模壳楼板、模壳梁、预制轻质填充墙等构件。该体系由企业、设计院、高校和科学研究院等单位合作开发，目前已在实际项目中应用。

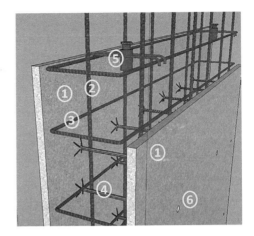

图 2-46　模壳剪力墙构件组成示意图
1—面板；2—竖向钢筋；3—横向钢筋；4—拉结件；
5—标高定位附件；6—斜撑固定螺丝孔

由于该模壳体系在结构上与现浇基本等同，在建筑构件拆分设计及构件类型、施工技术选用上应以结构可靠、总体造价经济及施工方便的原则进行。该体系竖向构件上以模壳剪力墙构件为主，可根据实际使用需要配合预制轻质填充墙、轻钢龙骨隔墙等；梁构件可以采用模壳梁，也可采用叠合梁、预制梁、现浇梁等；楼板构件可以采用模壳板，也可采用叠合板、预应力楼板、现浇板等。具体构成部分如下：

①模板系统

模板系统主要由两侧复合砂浆面板、面板间空腔内按设计配置的钢筋骨架、连接面板的拉结件以及预埋件等构成。面板采用复合水泥砂浆及相关增强措施，以提高面板的受力性能，同时提高拉结件的锚固性能。

②钢筋骨架

钢筋骨架由设计计算确定，在工厂加工并安装，在每个横向和纵向钢筋的相交处设置模板拉结件并绑扎牢固。模壳构件内部预埋设计要求的管线及线盒等。

③模板拉结件

采用钢筋加工制作，锚固头特殊处理以提高拉结件锚固性能，同时可以扩大对模壳的支承范围，减少模壳的表面弯曲应力。拉结件布置在钢筋网的交叉处，对混凝土振捣施工影响较小。

④安装附件

除了主要构件外，还有支持构件运输、安装以及调试的附件，包括预埋吊件、水平调节附件以及垂直调节附件等，如图2-47～图2-49所示。

1）模壳剪力墙体系的特点

①模板+钢筋骨架+集成机电管线采用工厂预制，并实现构件表面免抹灰，大幅度节省了工地现场人工和模板用量。

②面板采用复合砂浆材料，厚度较薄，可免于蒸养，减少模板养护费和运输费，构件重量轻，减少吊装费用。

③体系仅需要布置临时斜向支撑，系统可自行承担浇筑混凝土时的模板侧压力。

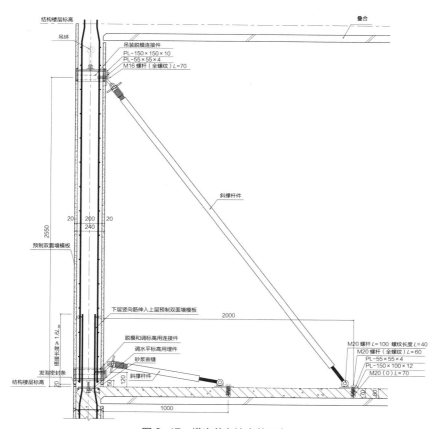

图 2-47　模壳剪力墙安装示意

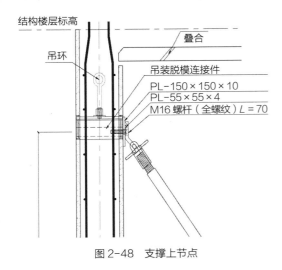

图 2-48 支撑上节点

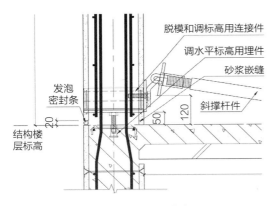

图 2-49 支撑下节点

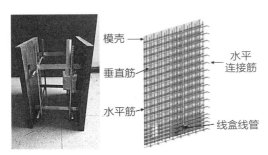

图 2-50 模壳墙构件组成示意图

④体系的钢筋置于面板之间且为工厂加工，现场钢筋网可见，便于钢筋工程的验收。

⑤系统后封标准模板可重复运用在不同工程，使系统更加节能环保，经济可行。

⑥钢筋独立布置，设计施工灵活，若设计修改，钢筋仍然可变更可利用。

⑦免拆模板可保护浇筑完的结构混凝土，对后期管线开槽也有很好适应性。

⑧整个体系的施工工序少，施工效率高，结构整体性和建筑防水性俱佳。

2）装配式复合模壳剪力墙体系的研发及应用情况

装配式复合模壳剪力墙体系研发成果已形成相关论证报告和技术文件，并通过上海市城乡建设和管理委员会相关部门组织的专项论证会。

由中国工程建设标准化协会批准的《装配复合模壳体系混凝土剪力墙结构技术规程》已经发布。

目前模壳体系已应用于实际工程中，包括：①上海市公安局崇明分局指挥中心业务大楼迁建工程；②嘉定区安亭镇于塘路以东、昌吉路以南地块租赁住房及商业项目；③黄浦区（原卢湾区）第118街坊地块商品住宅项目；④赵巷保利建工西郊锦庐。

模壳墙构件组成示意如图2-50所示，模壳墙构件实例如图2-51所示，模壳墙支撑如图2-52所示。

图 2-51　模壳墙构件实例　　　　　　　图 2-52　模壳墙支撑示意图

【案例2-8】赵巷保利建工西郊锦庐

位于上海市青浦区赵巷镇，北临业文路，南临业绣路，西临嘉松南路，东临置旺路。地块总用地面积115934m²（其中H3-02地块为2776m²、H3-05为113158m²），其用地性质为二类住宅组团用地。商品住房项目共有63栋住宅，其中1～60号楼为4层的叠加住宅，61号、62号楼为6层的叠加住宅，63号楼为6层的保障房。本次将以54号楼作为装配式复合模壳剪力墙体系示范楼进行设计说明。

54号楼结构总高度14.550m，结构层高3.050m，平面长度44.400m，平面宽度14.500m，平面较规则。采用抗震墙结构体系，楼盖采用钢筋混凝土梁板结构，嵌固端位于±0.000m。丙类设防标准，安全等级二级，抗震等级四级。

54号示范楼的建筑平面图、立面图如图2-53所示。

本项目的预制构件设计包括：预制夹心保温墙体、预制楼梯、模壳剪力墙，模壳梁、带模壳梁的预制填充内墙。经计算，优化后的结构平面图如图2-54所示。为简化过程，本次取第二层平面图左侧单元为主要研究对象，二层构件拆分图如图2-55所示。

赵巷54号示范楼的技术创新之处在于：

1）外墙采用预制混凝土夹心保温三明治墙体；

2）运用免拆模板及节点快速连接等高效施工工法，构件表面实现了免抹灰；

3）采用了工厂化生产的成型箍筋及钢筋网片；

4）内隔墙采用了机电管线一体化的轻质材料预制墙板。

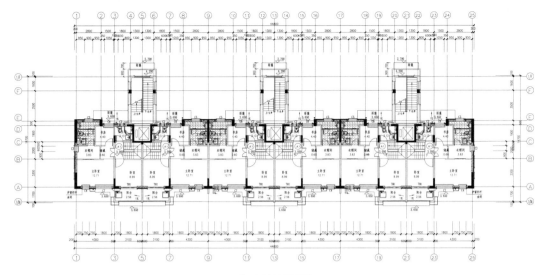

（a）建筑平面图

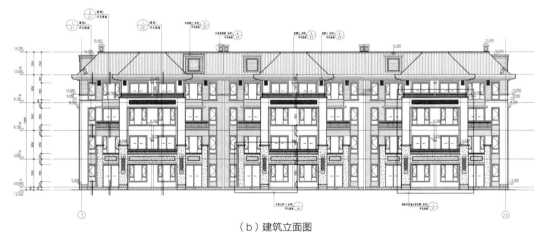

（b）建筑立面图

图 2-53　示范楼建筑平面、立面

实践表明上海衡煦节能环保技术有限公司开发的"装配式复合模壳剪力墙体系"（模壳体系）结构安全可靠，具有可施工性。同时模壳体系具有拆分简便的特点，可有效降低构件拆分和设计的成本，节省总体设计时间，便于推广。

模壳体系实质为免拆模板的现浇混凝土剪力墙体系，浇筑成型后的整体性、抗震性均等同于现浇混凝土剪力墙结构体系，安全可靠。模壳体系避免了在预制工厂的大量预浇混凝土，有效降低了整体构件的重量，构件自身成本较

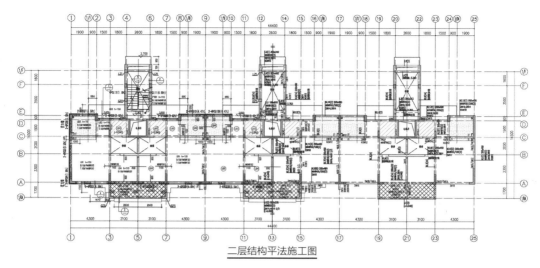

二层结构平法施工图

（a）二层平面结构布置图

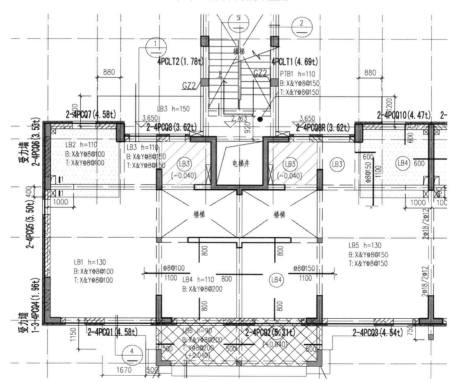

（b）左侧单元平面结构放大图

图 2-54　单层平面构件拆分图

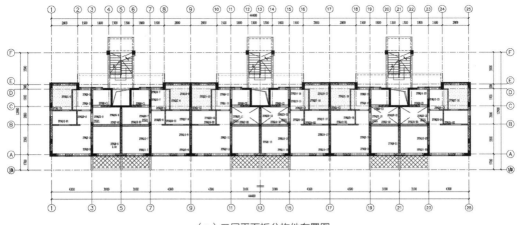

（a）二层平面拆分构件布置图

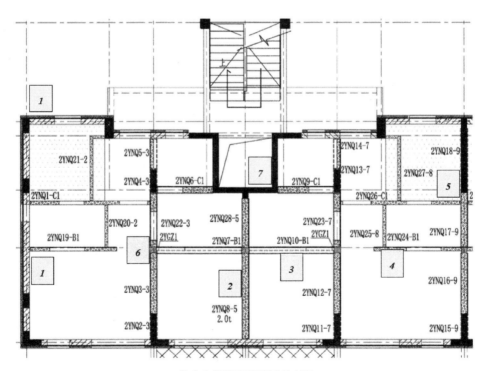

（b）左侧单元平面拆分放大图

图 2-55　二层构件拆分图（一）

1—预制夹心保温外墙；2—带预制填充墙的模壳梁；3—模壳梁；4—预制填充墙；
5—模壳剪力墙；6—现浇构造柱；7—现浇剪力墙

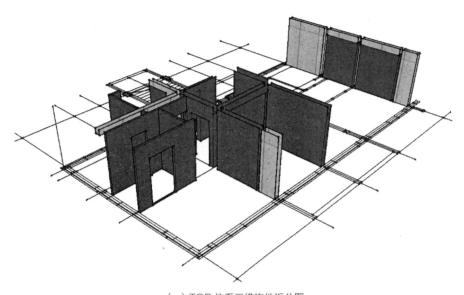

（c）TOP 体系三维构件拆分图

图 2-55　二层构件拆分图（二）

低，且运输和吊装成本较低。模壳体系可参照装配式构件的吊装方式进行现场拼装施工，大大减少了现场模板及现场施工工序，提高了工地机械化施工程度，降低能源消耗，经济优势明显。模壳体系将结构构件及填充墙构件一次吊装完成，通过现浇混凝土连接，具有高预制率，高装配率，高效、低成本的特点。

（4）PCTF体系

PCTF为上海建工自助研发的长效节能装配式建筑体系，使建筑外墙保温与建筑物同寿命，并为解决困扰建筑行业多年的外墙防水、门窗框渗漏水等难题提供解决方案。

长效节能装配式建筑体系从改善外墙保温材料工况入手，开发出PCTF装配式外墙技术（55mm预制混凝土外叶板+40mm泡沫混凝土保温层+180mm现浇混凝土内叶板，形成夹心保温外墙构造）。PCTF装配式外墙技术将夹心保温外墙与现浇混凝土外墙有机融合，并整合外墙门窗框直埋技术，预制外墙多道防水技术（图2-56）。

该体系与传统预制装配式体系相比，具有以下特点：

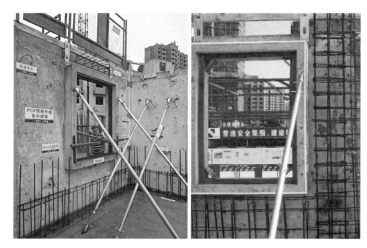

图 2-56　预制叠合保温外挂墙板

1）该体系采用预制叠合保温外挂墙板技术，外墙构造采用55mm预制混凝土外叶板+40mm泡沫混凝土保温层+180mm现浇钢筋混凝土内叶板，现场施工完成后建筑外墙形成夹心保温构造。外墙夹心保温材料周边均被混凝土包裹且与混凝土同为水泥基材质，本体系实现夹心无机保温与结构同寿命，彻底解决了传统外墙保温易脱落、不防火等弊病。门窗与外墙在工厂同步预制，外墙预制板连接采用"有机+企口+材料"三道防水工艺，杜绝了住宅外墙渗漏的通病。

2）得益于PCTF装配式外墙技术提供的技术基础，项目建造过程采用了无外脚手架施工技术，即在整个建造过程中摒弃了传统的外脚手架，以安全围挡为代表的新型防护措施得到充分应用。实现了无外模板、无外粉刷施工，绿化、道路等室外总体可与主体结构同步施工。无外脚手架施工技术在提高高层预制混凝土装配整体式建筑施工过程安全性的同时大大降低了施工现场对周边环境的视觉污染和粉尘污染，为施工现场实现花园式工地创造了必要条件（图2-57）。

3）传统预制装配式住宅的竖向节点连接一般采用套筒灌浆工艺，质量难以检测且施工成本较高。预制剪力墙螺栓连接技术以价格相对便宜的螺栓套件替代昂贵的灌浆套筒，预制剪力墙段通过螺栓在竖向连接成为一个整体。灌浆材料在连接构造中不参与结构传力，仅起到隔绝大气环境对螺栓的腐蚀作用。

连接螺栓产生的拉力由力矩扳手控制，其连接安全可靠、安装快捷、易于检测，有效解决了预制混凝土装配整体式建筑长期以来连接节点施工质量受操作者个体差异且难以检测的难题，是非常具有应用前景的一项预制墙体竖向连接技术（图2-58）。

图 2-57　无外脚手架施工技术

图 2-58　预制剪力墙螺栓连接

【案例2-9】海玥瑄邸

海玥瑄邸项目位于浦东新区惠南新市镇25号单元（宣桥）05-02地块，项目用地面积134715.06m²，项目由16栋高层住宅、40栋多层住宅、地下车库及其配套设施组成，总建筑面积31.24万m²。建筑单体预制率均大于40%。项目立面设计采用邬达克建筑风格，建筑立面设计元素丰富，所有外墙装饰均采用预制装配建造方式完成，并于2021年9月通过竣工验收（图2-59～图2-61）。

本项目结构形式为装配整体式混凝土剪力墙结构。采用预制构件类型为：预制夹心保温外挂墙板、预制楼板、预制剪力墙、预制楼梯、预制空调板、预制飘窗、预制女儿墙，单体预制率均大于40%。

预制剪力墙应用了预制剪力墙螺栓连接技术。该连接技术的原理是带螺纹的钢筋穿过套管，由垫板、螺帽锁紧上、下相邻的预制剪力墙，完成预制剪力墙的竖向连接。该连接技术套管灌浆不参与结构受力计算，仅考虑螺栓与大气隔离对螺栓的保护。

图 2-59　鸟瞰图

项目预制夹心保温外墙采用PCTF体系，为预制夹心保温叠合外挂墙板，通过不锈钢连接件附着在主体结构的外侧，保证墙板有足够的变形协调能力。建筑外墙采用60mm预制混凝土外叶板+40mm挤塑聚苯板保温层+180mm现浇混凝土内叶板的构造形式，内叶板与外叶板之间采用不锈钢连接件（图2-62）。

项目具有以下特色：

（1）PCTF体系采用预制叠合保温外挂墙板技术，实现保温、门窗与外墙在工厂预制同步完成，外墙预制板连接采用三道防水工艺，解决了住宅外墙渗漏的通病，使传统外墙保温技术的弊端得到了极大的改善，传统外墙防水性能薄弱的问题有了明显改善；门窗框直埋技术的应用有效避免传统外墙塞框式安装外门窗带来的门窗渗漏水问题（图2-63）。

（2）高层住宅无外脚手架施工技术。该技术取消了传统施工中的外脚手架，实现了无外模板、无外粉刷施工，绿化、道路等室外工程可与主体结构同步施工，成为真正意义上的花园式工地。

（3）剪力墙螺栓连接技术。该技术与传统套筒灌浆工艺相比，安全可靠、安装快捷、易于检测。

图 2-60 建筑外景 1

图 2-61 建筑外景 2

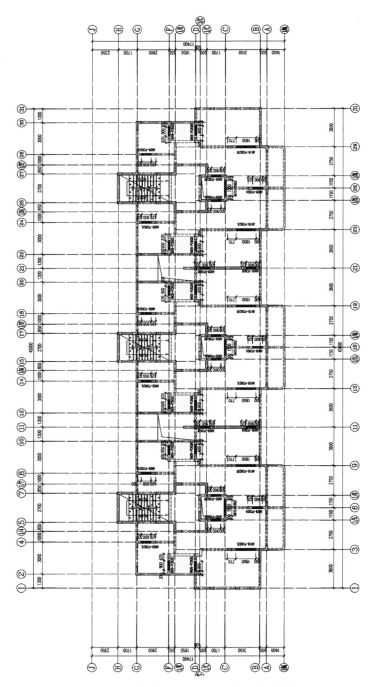

图 2-62　典型单元结构平面图（预制剪力墙）

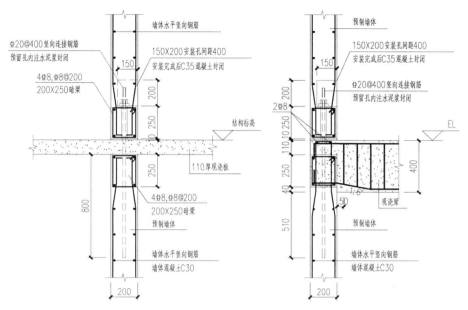

图 2-63　预制剪力墙螺栓连接节点大样图（施工图）

2．装配式框架–剪力墙结构体系

装配式框架–剪力墙结构很好地结合了框架结构和剪力墙结构的优点，其不仅可以灵活地进行平面布置和提供较大的空间，也可以增大结构的侧向刚度、减少侧向位移；该结构受力明确，施工速度快，可降低人力成本。因而无论是从功能使用还是从受力变形来看，装配式框架–剪力墙结构都是一种较好的结构体系，可广泛地应用于高层建筑。

装配式框架–剪力墙结构不仅拥有框架结构的优点也克服了框架结构容易在室内出现梁柱外露的缺点。除此之外，该结构体系建筑的外围护部分构造相对而言较为复杂，最主要的缺点就是该结构体系对主筋的灌浆锚固要求较高，且施工质量不易控制。

此外，单体结构体系为框架–剪力墙结构，根据《装配式混凝土结构技术规程》JGJ 1—2014中6.1.1及条文说明规定，剪力墙建议采用现浇，这就使得多数装配式框架–剪力墙结构项目的剪力墙做现浇，只有框架部分和水平构件做预制，会出现预制率无法满足要求的情况（图2-64）。

6 结构设计基本规定

6.1 一 般 规 定

6.1.1 装配整体式框架结构、装配整体式剪力墙结构、装配整体式框架-现浇剪力墙结构、装配整体式部分框支剪力墙结构的房屋最大适用高度应满足表 6.1.1 的要求，并应符合下列规定：

1 当结构中竖向构件全部为现浇且楼盖采用叠合梁板时，房屋的最大适用高度可按现行行业标准《高层建筑混凝土结构技术规程》JGJ 3 中的规定采用。

框架-剪力墙结构是目前我国广泛应用的一种结构体系。考虑目前的研究基础，本规程中提出的装配整体式框架-剪力墙结

99

构中，建议剪力墙采用现浇结构，以保证结构整体的抗震性能。装配整体式框架-现浇剪力墙结构中，框架的性能与现浇框架等同，因此整体结构的适用高度与现浇的框架-剪力墙结构相同。对于框架与剪力墙均采用装配式的框架-剪力墙结构，待有较充分的研究结果后再给出规定。

图 2-64 《装配式混凝土结构技术规程》JGJ 1—2014 中 6.1.1 及条文说明规定

【案例2-10】浦江基地四期

本工程为大型居住社区浦江基地四期A块、五期经济适用房项目2标（05-02地块PC项目），该地块建筑面积为51371.47m²，其中地上部分44871.44m²，地下部分6500.03m²，容积率为2.11，由4栋18层和1栋14层的高层住宅及配套公建、门卫、垃圾房等建筑组成，住宅采用框架-剪力墙的结构体系，为预制装配式住宅，其他为现浇混凝土框架结构，其中装配整体式示范面积为43363.51m²，项目总平面图见图2-65。

25～28号楼为18层，建筑总高度为55.5m，预制构件2～18层。预制构件类型有：叠合梁、叠合楼板、叠合阳台板、外挂墙板（不参与结构受力）、叠合女儿墙。

29号楼为14层，建筑总高度为44.3m，预制构件2～14层。预制构件类

型有：叠合梁、叠合楼板、叠合阳台板、外挂墙板（不参与结构受力）、叠合女儿墙、框架柱及预制剪力墙柱。预制柱上下层纵筋使用灌浆套筒连接（图2-66、图2-67）。29号地上部分PC（PCF）构件预制率61.84%。

图 2-65　项目总平图

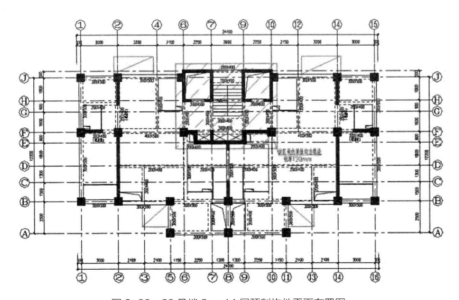

图 2-66　29 号楼 2 ~ 14 层预制构件平面布置图

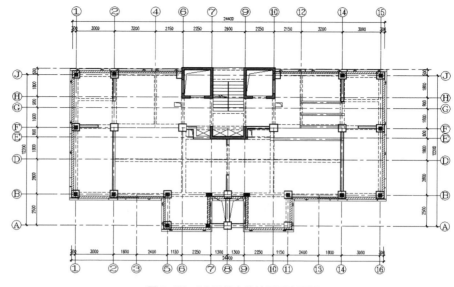

图 2-67　29 号楼女儿墙平面布置图

2.1.3　超高层住宅

超高层住宅多为40层以上。超高层住宅的楼地面价最低，但其房价却不低。这是因为随着建筑高度的不断增加，其设计的方法理念和施工工艺较普通高层住宅和中、低层住宅会有很大的变化，需要考虑的因素会大大增加。例如，电梯的数量、消防设施、通风排烟设备和人员安全疏散设施会更加复杂，同时其结构本身的抗震和荷载也会大大加强。

另外，超高层建筑由于高度突出，多受人瞩目，因此在外墙面的装修上档次也较高，造成其成本很高。若建在市中心或景观较好地区，虽然住户可欣赏到美景，但对整个地区来讲却不协调。因此，许多国家并不提倡多建超高层住宅，这也造成了目前超高层住宅项目较少。

装配整体式混凝土剪力墙/框架–现浇剪力墙（核心筒）结构

装配整体式框架–现浇剪力墙（核心筒）体系是指全部或部分外圈框架梁、柱采用预制构件、剪力墙和内部核心筒现浇而成的结构体系。该体系中，框架部分的处理与装配整体式框架体系基本是一样的。由于内墙现浇，使得该体系结构性能与现浇结构差异不大，因此适用范围较广，适用高度也较大。

装配整体式框架–现浇剪力墙体系的高度适用范围见表2-14。

装配整体式框架-现浇剪力墙体系的高度适用范围　　　　　　　　表2-14

结构类型	非抗震设计	抗震设防烈度			
		6度	7度	8度（0.2g）	8度（0.3g）
装配整体式框架–现浇剪力墙结构（m）	150	130	120	100	80

对于上海（7度区），其适用高度为120m。

《上海市住房和城乡建设管理委员会关于本市装配式建筑单体预制率和装配率计算细则（试行）的通知》（沪建建材［2016］601号文）中规定建筑高度100m以上的新建居住建筑，落实装配式建筑单体预制率不低于15%或单体装配率不低于35%。

《上海市住房和城乡建设管理委员会关于进一步明确装配式建筑实施范围和相关工作要求的通知》（沪建建材［2019］97号文）中规定高度100m以上（不含100m）的居住建筑，建筑单体预制率不低于15%或单体装配率不低于35%。其中，对平屋面或坡度不大于45°的坡屋面房屋，房屋高度指室外地面到主要屋面板板顶的高度（不包括局部突出屋顶部分）；对坡度大于45°的坡屋面房屋，房屋高度指室外地面到坡屋面的1/2高度处。

目前，上海超高层的住宅项目非常少，主要采用装配整体式混凝土框架–现浇剪力墙（核心筒）结构或剪力墙结构，由于降低了预制率要求，满足预制率不低于15%或单体装配率不低于35%即可，通常可以仅水平构件进行预制，竖向构件采用现浇。

【案例2-11】上海静安安康苑

安康苑项目位于上海市静安区，北临天目东路，南临海宁路，西靠浙江北路，东临河南北路，共分六个地块，主要由超高层酒店办公、住宅、商业、风貌文物等组成；地上建筑面积约65万m²，地下建筑面积约40万m²（图2-68、图2-69）。

其中上海安康苑项目24号地块位于上海市静安区，东邻康乐路，南近安庆路，北依天目东路，西靠浙江北路。由2栋46层超高层住宅楼，1栋31层高层住宅楼，1栋29层高层住宅楼，1栋2层商业，1栋1层门卫，1栋1层K型站以及地下3层车库组成。地上建筑面积16万m²，地下建筑9.1万m²；地上主要由三栋超高层住宅，四栋新建风貌别墅，7栋永庆里保留建筑和配套商业、商务中心等组成。

结构体系：超高层塔楼采用剪力墙结构，纯地下室采用框架结构。

该超高层项目预制方案面临的问题主要有以下几点：

（1）按国家标准及上海市地方规范规定均表明本项目高度超限；

（2）因超高，竖向剪力墙基本满布，可用作预制外墙的外部非结构围护墙比例很少；

（3）超高层剪力墙结构梁混凝土占比小，下部1/3楼层配筋极大，采用预制叠合梁钢筋锚固困难。

本项目采用楼板、楼梯、阳台最大化的预制方式，卫生间、阳台小跨度且

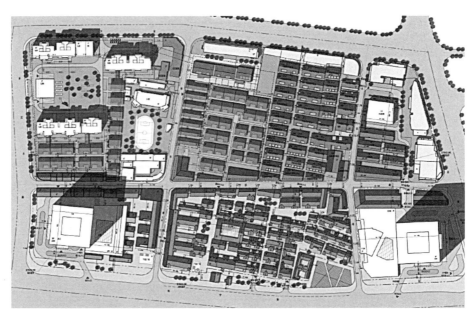

图2-68　安康苑项目总体规划

下沉设备管线无需预埋部位采用全预制板。

预制构件种类：预制叠合板、全预制阳台、预制楼梯、预制叠合梁。

目前超高层住宅项目较少，但由安康苑项目仍可以看出超高层住宅项目在做装配式时的注意要点及存在问题。

对于超高层住宅预制率不低于15%或单体装配率不低于35%即可，相比其他项目要求减低，但是高度超限，竖向受力构件

图 2-69　上海静安安康苑效果图

通常采用现浇的方式，并且剪力墙密度较大，可供预制的外围护构件同样比例较少，通常需要将水平构件做足来满足预制率的要求。并且超高层项目构件配筋较大而且密，预制梁在节点核心区的钢筋锚固与排布都会成为设计中的问题，应做好钢筋的合理规划，避免碰撞（表2-15、图2-70、图2-71）。

安康苑超高层单体预制率　　　　　　　　　　　表2-15

单体	单体预制率（%）	预制层数范围						
		板	阳台	空调板	凸窗	外隔墙	叠合梁	楼梯
1号楼	15.03	2~45	2~45	—	—	—	2~45	3~45
2号楼	15.01	2~46	2~46	—	—	—	2~46	3~46
3号楼	15.02	2~46	2~46	—	—	—	2~46	3~46

注：单体预制率≥15%。

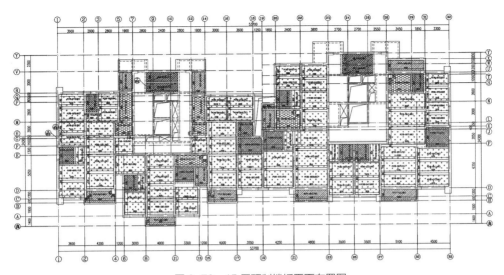

图 2-70　15 层预制楼板平面布置图

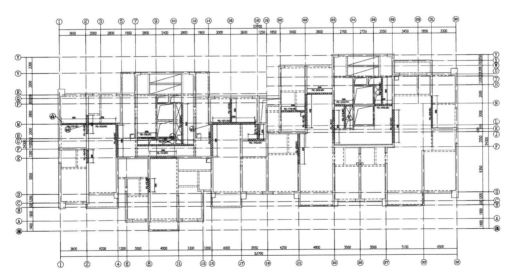

图 2-71　15 层预制梁平面布置图

由于可供选择的预制构件和部位有限，对标准化设计提出了更高的要求，应尽量加大构件的重复利用率，减少构件的种类，提高构件模具的使用率，进而符合工业化标准化的设计理念。同时，对于高档住宅，设备管线复杂且多，未考虑管线分离，做全预制板存在管线难全部预埋到位的问题。

2.2　公共建筑适用体系

公共建筑根据建筑使用功能的不同可分为商场、办公类建筑、学校建筑和医院建筑。

装配整体式框架结构、装配整体式框架–现浇剪力墙结构、装配整体式剪力墙结构、装配整体式部分框支剪力墙结构等公共建筑的最大适用高度应符合表2-16的要求，并应符合下列规定：

（1）当结构中竖向构件全部为现浇且楼盖采用叠合梁板时，最大适用高度可按现行行业标准《高层建筑混凝土结构技术规程》JGJ 3中的规定采用。

（2）装配整体式剪力墙结构和装配整体式部分框支剪力墙结构，在规定的水平力作用下，当预制剪力墙构件底部承担的总剪力大于该层总剪力的50%时，最大适用高度应适当降低。

装配整体式混凝土公共建筑的最大适用高度（m）　　　　表2-16

结构体系	最大适用高度		
	6度	7度	8度
装配整体式框架结构	60	50	40
装配整体式框架–现浇剪力墙结构	130	120	100
装配整体式框架–现浇核心筒结构	150	130	100
装配整体式剪力墙结构	120	100	80
装配整体式部分框支剪力墙结构	100	80	70

注：房屋高度指室外地面到主要屋面板板顶的高度，不包括局部凸出屋顶部分。

装配整体式结构的高宽比不宜超过表2-17的规定。

装配整体式结构适用的最大高宽比　　　　表2-17

结构体系	最大适用高宽比	
	6度、7度	8度
装配整体式框架结构	4	3
装配整体式框架–现浇剪力墙结构	6	5
装配整体式框架–现浇核心筒结构	7	6
装配整体式剪力墙结构	6	5

在公共建筑中结构体系的选型通常都围绕着框架结构展开，下面针对装配式框架结构的特点与应用做进一步介绍。

（1）框架结构概述

装配式框架结构是指通过后续浇筑混凝土把叠合梁、叠合板、预制柱、预制楼梯、预制阳台等预制构件经现场装配、节点连接或部分现浇而成一个整体受力的混凝土框架结构。根据梁柱节点的连接方式不同，装配式混凝土框架结构可划分为等同现浇结构与不等同现浇结构。其中，等同现浇结构是节点刚性连接，不等同现浇结构是节点柔性连接。在结构性能和设计方法方面，等同现浇结构和现浇结构基本一样，区别在于前者的节点连接更加复杂，后者则快速简单。但是相比较之下，不等同现浇结构的耗能机制、整体性能和设计方法具有不确定性，需要适当考虑节点的性能（图2-72）。

装配式混凝土框架结构按施工方式和预制构件所占整体结构的比例可分为装配整体式框架混凝土结构和全装配式框架混凝土结构两种形式，它们的主要区别在于：装配整体式框架混凝土结构的梁或者柱是预制构件，而全装配式框架混凝土结构中梁与柱全为预制构件。现今以叠合梁现浇柱组合而成的装配整体式框架混凝土结构使用最为广泛，其工业化程度高，预制比例可达到80%。目前我国装配式混凝土框架结构在我国建筑上的应用前景十分广阔，因为框架混凝土结构是我国建筑的主要结构形式之一。

虽然说装配式框架混凝土结构在我国的应用和发展前景十分广阔，但目前由于我国装配式施工技术相对匮乏导致我国现有的规范对装配式混凝土框架结

（a）预制框架柱

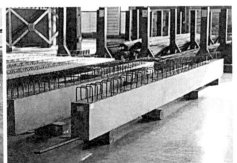

（b）预制框架梁

图 2-72　装配式框架预制构件

构的抗震等级要求和高度限制较为严格，从而大大制约着装配式框架混凝土结构的适用范围。与发达国家相比，我国装配式框架混凝土结构在设计、施工水平及材料规格与质量方面都存在着较大的差距。其次，装配式混凝土框架结构在隔震、减震方面技术比较欠缺，由于我国国内传统混凝土结构设计的侧重点在于如何提高结构的抗震设防能力，所以若要扩大装配式框架混凝土结构在我国的应用范围，还需要逐渐去克服其在隔震、减震方面的技术欠缺。除此之外，装配式框架混凝土结构属于柔性结构，侧向的刚度比较小，在强烈的地震作用下结构容易产生较大的水平位移造成严重的非结构性破坏；随着建筑的增高，底部各层梁、柱内力会显著增高将导致结构构件的截面面积和配筋面积明显增加，这将导致材料的消耗与成本变得不合理，从而影响装配式框架混凝土结构在高层建筑中的应用，因而需要进一步研究能够更好地适应高层建筑的装配式混凝土结构体系。

装配整体式框架结构的框架梁与柱全部或部分为预制构件，再按现浇结构要求对各个承重构件之间的节点与拼缝连接进行设计以及施工。装配式混凝土框架结构由多个预制部分组成：预制梁、预制柱、预制楼梯、预制楼板、外挂墙板等（图2-73）。其具有清晰的结构传力路径，高效的装配效率，而且现场浇湿作业比较少，完全符合预制装配化的结构的要求，也是最合适的结构形式。这种结构体系在需要开敞大空间的建筑中比较常见，比如仓库、厂房、停车场、商场、教学楼、办公楼、商务楼、医务楼等，最近几年也开始在民用建筑中使用，比如居民住宅等。不过由于框架结构体系其建筑高度有限，且随着房屋层数的增加，柱、梁截面较大，室内使用效果不佳，如用于住宅，局部柱子及梁需结合室内设计，看能否在精装修中将局部突出问题解决。

（2）适用于大开间的楼板应用

为简化装配式构件的连接构造，减少现场湿作业，提高工业化水平，同时满足大空间需要，实现室内空间的灵活分隔，应尽量减少结构次梁的布置，注重适用于大开间楼板的应用。

目前适用于大开间的楼板可供选择的有SP板、SP叠合板或双T板，SP叠合板（简称"SPD板"）是以SP板为预制底板，为达到楼板整体性要求而后浇实心混凝土共同受力的一种楼盖体系。SPD楼板具有大跨、经济、隔声性能好等优点，能满足住户不同阶段的居住需要，显著提升建筑的功能和品质。双T板

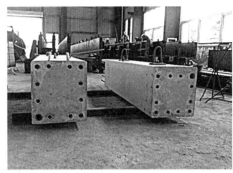
（a）预制柱

（b）预制梁

（c）叠合板

（d）预制楼梯

图 2-73　预制构件

是由上部的面板和面板中间的两根肋梁组成，肋梁则窄而高，是一种板、梁结合的预制钢筋混凝土承载构件，形状为"Ⅱ"形，因酷似两个英文字母T并列而被称为双T板。另外，双T板也可通过后浇混凝土形成带有叠合层的双T叠合楼板，从而达到大跨度重载的功能要求。双T板构件体型简洁、便于结构布置、通用性大、所需模板比较灵活，便于工业化生产。它用作板梁合一的屋面构件，可降低建筑物高度，简化支撑；与传统厂房屋架（屋面梁）、屋面板相比，具有美观、结构先进、耐腐蚀、吊装方便、可重复使用等优点（图2-74、图2-75）。

此外，山东万斯达集团有限公司在原桁架叠合板的基础上开发出其第三代产品——钢管桁架叠合板，将钢筋桁架混凝土叠合楼板的桁架钢筋替换成钢管桁架，桁架上弦杆采用钢管灌注微膨胀高强砂浆，板内布置预应力钢筋形成预应力钢管桁架叠合板，同样可以适用于大开间的建筑，相较于传统叠合板该产品具有以下优点（图2-76、图2-77）：

①板型薄，厚度35mm左右，叠合后115～125mm，极大减轻结构自重；

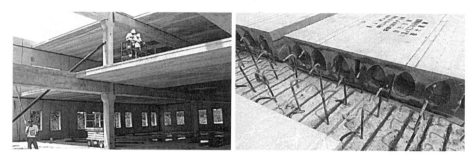

图 2-74 SP 板在装配式混凝土框架结构中应用

图 2-75 双 T 板在装配式混凝土框架结构中应用

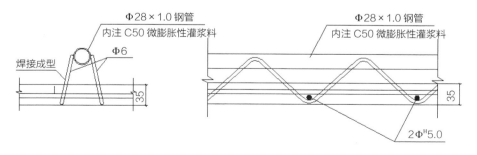

图 2-76 预应力混凝土钢管桁架叠合板

图 2-77　预应力混凝土钢管桁架叠合板

②支撑少，支撑间距可达4m；

③无补空板。主受力方向钢筋为预应力钢筋，另外方向钢筋施工时后穿，形成双向板，且一面出胡子筋，安装方便；

④刚度大，不开裂。由于采用预应力技术，上部受压区采用钢管桁架，钢管内注入砂浆，保证了在用钢量最小的情况下有足够的刚度；

⑤板幅大、自重小，最大可做到3m×12m，密度仅为85kg/m²左右，极大地提高了吊装效率。

设计施工实践表明，公共建筑往往功能明确、柱网相对规则、复制体量大，适合采用装配式技术建造。而此类适用于大开间的楼板可以实现公共建筑对大空间的要求，尤其适用于使用荷载较大的项目。

（3）装配整体式混凝土框架结构连接节点的简化

装配整体式混凝土框架结构往往在梁柱节点区域钢筋多，尤其是在层数和抗震等级较高的项目中，也经常会有多根梁交汇于同一柱的情况，为解决框架节点钢筋密集、施工困难等突出问题，应对框架梁柱和节点的配筋及连接方式进行优化，包括框架柱四角集中配置受力纵筋、框架梁底筋节点区钢筋避让、采用钢筋锚固板的框架顶层端节点，从而提高装配式框架施工效率（图2-78）。

1）框架柱四角集中配置受力纵筋

常规预制柱纵向受力钢筋均匀地布置在柱的四边，框架柱四角集中配置受力纵筋，柱纵向受力钢筋间距不宜小于200mm且不应大于400mm（图2-79）。

2）框架梁底筋节点区钢筋避让

通过框架梁底筋的高低错开及吊装顺序，从而避开梁底筋节点区的钢筋碰撞

（图2-80）。

3）采用钢筋锚固板的框架节点

常规梁柱核心区采取钢筋15d长度弯折，梁柱核心区采用锚固板确保锚固要求，设置组合箍筋便于上部主筋施工，可以大大提高装配式框架施工效率（图2-81）。

4）基于UHPC的装配式框架

超高性能水泥基复合材料（UHPC）是一种高强度、高韧性、低孔隙率的超高强度水泥基材料，具有优越的力学性能，其抗压强度大于150 MPa，抗拉强度大于7 MPa，极限拉伸应变大于0.2%，是一种类金属新型材料。同时具有自流平特性、自密实性能、易浇筑、易振捣、常温常压养护等超高施工性能。

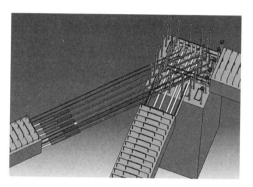

图2-78　预制梁、柱节点区域钢筋

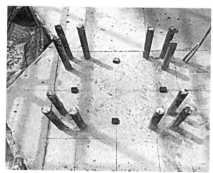

图2-79　框架柱四角集中配置受力纵筋

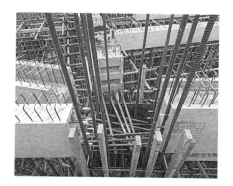

图2-80　T字形部位梁柱节点

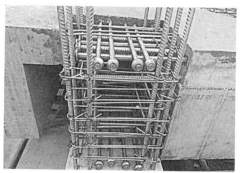

图2-81　梁柱核心区钢筋布置

基于UHPC优异的性能，上海理工大学和上海建工二建集团有限公司研究团队合作，提出一种全新装配连接方式：钢筋搭接连接+UHPC后浇的构件连接方式。其研究表明以UHPC连接的梁柱节点具有良好的整体性，当钢筋搭接长度为10d时，试件具有等同现浇的抗震耗能能力。

研究团队进一步提出"预制节点+梁柱构件+UHPC连接"的装配框架体系。该体系梁、柱和节点均采用工厂预制，在现场通过钢筋搭接后浇UHPC进行连接。与传统的装配模式相比，这种装配模式具有以下优点：钢筋采用短连接，施工方便；节点采用工厂预制，整体性能好；接头部分位于受力较小区域；施工质量检测方便（图2-82、图2-83）。

目前，位于金山的海玥瀞庭商品房项目、上海白龙港污水处理厂改造项目等，已经运用了新研发的建设技术，实现了装配框架结构5天一层的极高效率，设计施工难度大幅下降，可实现无排架施工，有益于推动装配式建筑走向高质量、高效率。

（a）新预制装配框架体系示意

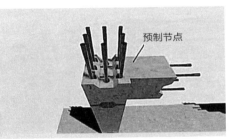

（b）预制节点示意

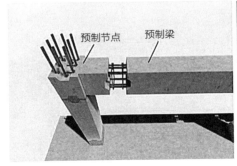

（c）预制梁连接示意

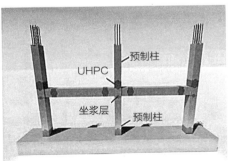

（d）预制柱连接示意

图2-82 预制装配式框架及节点示意图

图 2-83　PCUS 体系梁柱连接节点

2.2.1　商场、办公类建筑

商场和办公类建筑通常对空间有着较高的要求，要做到大开间，需要结构灵活地布置，框架结构和框架核心筒结构是商场和办公类建筑的首选。

【案例2-12】杨浦96街坊办公楼

项目概况：本项目是上海绿地盛杨置业有限公司在上海杨浦区开发的办公及配套商业用房。用地性质为商务办公，用地面积为12938m²，出让面积为11944.6m²，总建筑面积43557.18m²，其中计容建筑面积29861m²，容积率2.5，地下室建筑面积13370.53m²，建筑密度为35%，绿地率30%，其中集中绿地率5%；本项目由1号楼、2号楼、3号楼、4号楼、5号楼（垃圾房）、地下车库组成（图2-84）。

本项目周边东侧紧邻城市快速高架路（内环高架杨浦大桥段），在选用玻璃幕墙材料反射率时经过严格的光污染评估分析，控制每个不同朝向玻璃幕墙反射率，避免对高架行车及周边居民造成光污染。

　　其中4号楼为本项目的主要建筑，为高层商办楼，按上海市装配式政策要求，需考虑运用预制装配技术。在本项目之前上海市尚未有高层框筒结构的预制装配式公共建筑，同时当时无相关的结构规范作为设计依据支持，为满足项目安全使用要求，在设计时对一些结构规范取值上选取足够的保证系数（图2-85）。

图 2-84　效果图

图 2-85　效果图

　　本项目土地出让合同要求建筑单体预制装配率不低于25%；装配式建筑面积落实比例不低于100%。结合项目实际情况，1~3号楼为多层商业办公楼工程，其立面复杂、平面布置不规则、工业化程度不高。通过上海市杨浦区重大工程建设指挥部办公室开会决定对装配指标做调整，选择4号高层办公楼作为装配式结构，单体预制率不低于38%（满足总体装配率不低于25%）。

　　本项目为上海市第一个装配整体式框架–核心结构的高层办公楼建筑，绿色二星项目。4号高层办公楼作为装配式结构，采用装配整体式框架–核心筒结构体系，预制范围为1~3层采用现浇，4层及以上为预制；预制构件为预制框架柱、核心筒外叠合梁、叠合楼板、全预制楼板、楼梯；竖向连接方式采用灌浆套筒连接；单体预制率38%（图2-86）。

　　在结构布置及配筋时进行了大量的优化，对X、Y两个方向的主梁高度错开，避免两个方向梁纵筋碰撞；构造腰筋不进入支座，框架柱上下钢筋规格差别不超过两级，边梁抗扭筋采用预埋螺母连接，梁梁连接采用分离式套筒，解决了施工空间不足的难题。

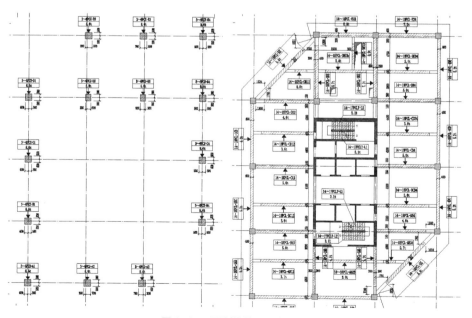

图2-86　预制构件平面布置图

本项目柱截面较大，采用新型米字形（中间汇集和抬高）抗剪槽套筒。通过试验验证灌浆效果，增加高位排气孔以保证混凝土密实。本项目创立全新的预制构件编号体系，为后续项目的PC设计提供了案例和技术经验。应用组装式防护架，通过模块化拼装、装配式施工，循环使用，提升装配式建筑的现场管理水平。

【案例2-13】李尔亚洲总部大楼项目

（1）工程概况

本项目位于上海市杨浦区，总用地面积为7961.8m²，总建筑面积为28599.75m²，地上建筑面积为19868.07m²，地下建筑面积为8731.68m²。本项目由李尔亚洲总部大楼和垃圾收集房组成，其中，李尔亚洲总部大楼的地上建筑面积19818.75m²，垃圾收集房的地上建筑面积为49.32m²。建筑平面采用裙房+主楼的形式，裙房东西长64.4m、南北长48.3m；主楼范围平面尺寸53.5m×27.8m，建筑高度55.3m，1层层高为8.5m，2层层高为8.49m，3层层高为4.5m，4～10层层高为4.2m，11层层高为4.61m。李尔亚洲总部大楼采用钢筋混凝土装配整体式框架-现浇剪力墙结构体系，预制构件种类：预制柱、预制梁、预应力双T板、预制楼梯。单体预制率：>40%（图2-87）。

（2）装配式建筑项目特点

图2-87　效果图

1）标准化设计

平面梳理：调整核心筒布置，保证柱网开间规整，标准层柱网均为8.7m×8.7m，体现了标准化、模块化的单元设计理念；框梁双向正交布置，避免梁斜向布置、出现异形板，次梁单向布置，避免井字、十字布置，实现构件的标准化设计；主梁除外围平柱边外，中间梁尽量居柱中布置，方便后续节点钢筋避让。

按装配式设计理念，结构平面

尽量避免布置次梁，框架梁尽量居轴线中布置，垂直两方向梁高设置不小于100mm的高差，便于节点钢筋的排布。柱在裙房以上（即预制高度范围内）无截面收进，保证构件最大程度的标准化，一方面节约了模具成本，另一方面也便于工厂生产和现场安装。

结构构件配筋按"大直径、少根数、少种类"的原则；尽量减少进节点的钢筋数量——如梁底主筋外排伸入节点，第二排不伸入或少伸入，构造腰筋不伸入梁柱节点，受扭钢筋在配筋图明确表达并考虑进节点。

预制柱纵筋采用套筒灌浆连接，在模型计算时，需考虑套筒对钢筋保护层的影响；在裙房屋面，存在立面收进，结构设计采取相应措施（增加叠合现浇层厚度、提高配筋率等）加强立面收进部位的抗震性能。

2）预应力混凝土双T板

本项目拟采用预应力混凝土双T板底板+60mm现浇层的楼盖方案。3层至屋面层的标准柱跨内放置3块预应力混凝土双T板，板宽为2.7～2.8m，肋距1.50m，肋高450mm。由于地上两层结构使用荷载较大（达到2t），二层预应力混凝土双T板的截面为800高，端部肋高为450mm，同时不影响净高。

预应力混凝土双T板底板密拼方案构件总数大幅减少，没有次梁后浇段现场施工、主梁后浇段隐患、叠合板出筋碰撞等一系列问题，预应力混凝土双T板四周没有出筋，大大节约安装作业时间，施工效率高（图2-88）。

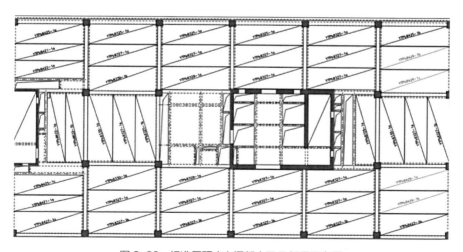

图2-88 标准层预应力混凝土双T板平面布置

（3）项目亮点

通过工程实践，可以看出，双T板是一种结构效率很高的预制构件，可以充分发挥高强混凝土和高强预应力钢筋的材料强度。其构件标准化程度高，极大地提高了生产效率、节约生产成本；其构件四边不伸出筋、标准跨内无次梁，大幅提升了现场吊装效率。本项目是双T板作为叠合楼盖底板，首次在高层框架–现浇核心筒结构中的成功应用，为后续公建项目的推广，提供了很好的借鉴。

2.2.2　学校建筑

装配式学校类建筑在实践中表现出了产品质量好、生产效率高、施工速度快、外装饰与功能高度集成等特点，具有广阔的应用前景，成为我国建筑业转型的重要方向之一。目前，全国范围内关于装配式建筑的新技术、新成果、新产品层出不穷，出现了许多优秀的创新示范工程，量大面广的住宅也成为应用装配式建筑的主要载体。相对而言，装配式建造技术在公共建筑如学校建筑中的应用案例并不多，以下结合两个取得了较好的综合经济效益和社会效益的学校工程项目，从设计和建造层面进行探索和分析。

【案例2-14】新建星河湾中学项目

（1）工程概况

新建星河湾中学项目作为上海市第一所采用预制装配整体式混凝土结构体系建造的公共配套完全中学建筑示范项目，在装配率、项目类型和规模上都是建设先例，项目被评为上海市装配式建筑示范项目。

1）项目概况：

①基地概况：项目基地位于上海市闵行区，地势平坦，整个地块呈方形，北面紧邻消防站规划用地（近银都路），在地块东南角（都庄路与梅州路交叉口）有已建成35kV/110kV市南供电站，无高压线走廊。项目总用地面积43290m²（约合64.90亩）。

学校设有初中部24班和高中部24班，学生规模约为2040人，其中考虑住宿学生约950人，教师规模约为216人。规划控制要求：容积率不大于1.0，建筑高度不超过60m，建筑退界、建筑密度和绿地率等指标按国家及上海市规定标准执行。

②建筑规模和面积：该项目主要包括教学办公楼、多功能综合楼、学生公寓楼、风雨长廊、地下车库及相应的室外总体工程等在内的建筑单体及环境景观。总建筑面积48520.43m²，其中地上建筑面积43885.33m²，容积率1.0。地下总建筑面积4635.1m²。

2）工程规模：

建筑性质：多层教育建筑。

建筑设计使用年限：50年。

结构类型：装配整体式混凝土框架结构。

抗震设防烈度：7度。

耐火等级：一级耐火等级。

防水等级：屋面为Ⅰ级防水。

装修标准：精装修交付。

总平面图以及建筑设计图纸如图2-89～图2-92所示。

3）根据上海市相关政策要求，确定本项目建筑面积100%实施装配式建筑，单体预制率≥40%。本项目教学楼、综合楼和宿舍实施装配式建筑（图2-93）。

图2-89　鸟瞰图

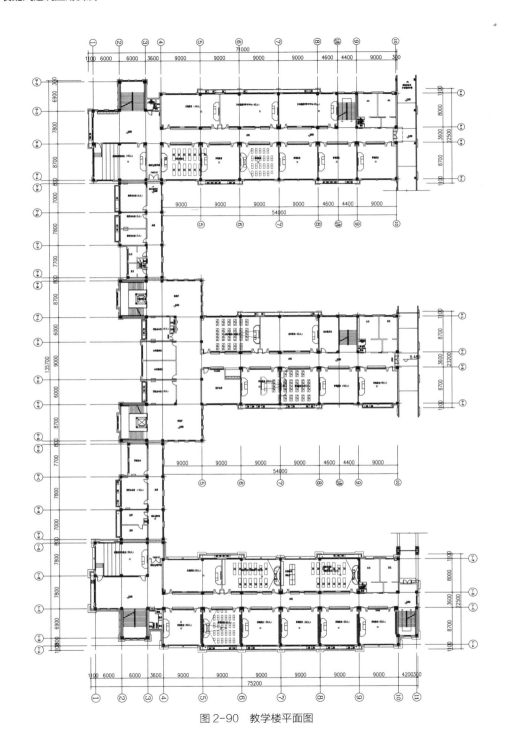

图 2-90 教学楼平面图

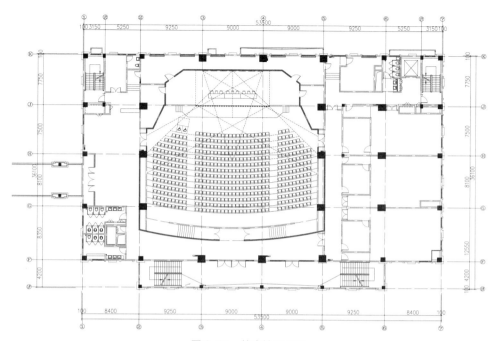

图 2-91 综合楼平面图

图 2-92 建筑效果图

图 2-93 装配式应用范围

4）本项目并未申请规划容积率奖励，本项目各单体建筑概况、预制率、外墙面积及装配式结构体系见表2-18。

各单体建筑概况表 表2-18

楼号	装配式结构体系	装配范围	单体预制率（%）	外墙面积比（%）
教学楼	装配整体式框架结构	1~5层	44.2	61.1
宿舍楼	装配整体式框架结构	2~10层	47.2	59.8
综合楼	装配整体式框架结构	1~4层	17	59.4

①装配式结构体系概况

该项目主要包括教学办公楼、多功能综合楼、学生公寓楼、风雨长廊、地下车库及相应的室外总体工程等在内的建筑单体及环境景观。学校各单体采用装配整体式混凝土框架结构，装配式建筑比例100%，综合单体预制装配率40%。PC构件设于标准层，主要预制构件为预制柱、预制梁、预制楼梯、预制叠合板。各单体混凝土强度等级：框架梁、剪力墙为C30~C35。

建筑单体预制率及预制部位：宿舍楼选择2~10层的构件预制，顶层斜屋面采用现浇梁板结构；可选预制构件包括：预制框架柱（从6层底至10层平屋面均采用预制）、预制叠合框架梁、预制叠合次梁、预制叠合楼板、预制楼梯、预制空调板。

教学楼考虑选择首层至5层的构件预制，顶层斜屋面采用现浇梁板结构；可选预制构件包括：预制框架柱（从首层至平屋面均采用预制）、预制叠合楼板、预制楼梯、预制空调板。

综合楼考虑选择标准层（2~4层）构件预制，其中顶层楼板采用现浇结构；可选预制构件包括：预制叠合框架梁、预制叠合次梁、预制叠合楼板、预制楼梯（表2-19）。

建筑单体预制装配率情况表 表2-19

楼栋号	建筑面积（m^2）	层数	结构类型	预制率（%）	预制体积总量（m^3）
教学楼	24862.65	4~5	装配整体式框架	47.2	3559.2
宿舍楼	10635.46	10	装配整体式框架	45.2	1571.1
综合楼	10915.27	4	装配整体式框架	17.2	417.3

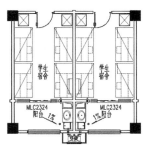

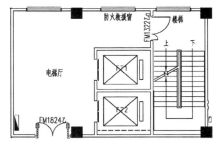

（a）宿舍标准模块单元　　　（b）卫生间标准模块单元　　　（c）楼电梯间标准模块单元

图2-94　建筑标准模块

②装配式建筑模数化

学生公寓楼采用了模数化的建筑设计，由宿舍、卫生间和楼电梯间3种标准模块单元组成，其中楼电梯间模块和卫生间模块结构布置均匀对称，各模块单元见图2-94。

③预制构件标准化

基于各建筑模块单元对学生公寓楼进行装配式拆分，大大减少了预制构件的种类，方便了预制构件的生产、安装。学生公寓楼预制构件统计见表2-20。

学生公寓楼构件统计表　　　　　　　　　　表2-20

预制构件	预制构件种类	单个构件最大重量（t）	主要截面尺寸（mm）
叠合板	8种	2.52	—
预制柱	1种	2.70	600×600
叠合梁	7种	3.45	主梁：400×550；350×550 次梁：250×450

④主要连接节点

a. 柱柱连接节点。为保证框架柱整体性，本项目中预制柱采用钢筋套筒灌浆连接，柱底部接缝设置在结构楼层标高处，接缝高度为20mm，连接钢筋深入套筒内的钢筋长度需满足8d的锚固要求，连接后通过套筒内注浆形成一体，达到构件连接可靠，满足结构的安全性以及耐久性要求。预制柱连接如图2-95所示。

b. 梁柱连接节点。叠合主梁底部纵筋采用90° 弯钩锚入框架柱中，深入长度满足0.4l_{abE}的构造要求。梁柱连接节点见图2-96。

c. 主次梁连接节点。工程中主次梁节点采用牛担板，与主梁开槽连接节点相比，叠合主梁开槽小，吊装方便，节点拼装便捷。牛担板连接节点见图2-97。

新建星河湾中学项目结合工业化建筑的特点，运用学校建筑的标准化模块化设计方法，提高生产效率。建筑中重复使用最多的3个标准结构空间面积之和占总建筑面积的比例超过70%。学校教室、走廊模块化，普通教室尺寸9000mm×8700mm，走廊宽度2400mm；公共共享空间模块化，宽度5600mm。项目通过模块化设计实践，研究教学建筑的设计规则，对教学建筑的模块组合规则及模块间的位置安排、联系等接口设计进行分析研究，初步确定教育建筑的工业化设计方法。

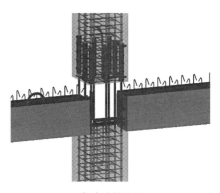
（a）套筒连接

（b）套筒

图2-95 预制柱连接

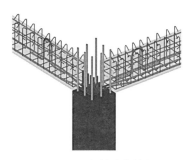
图2-96 梁柱连接节点

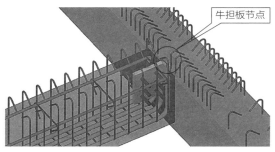
牛担板节点

图2-97 牛担板连接节点

【案例2-15】杨浦区内江路小学迁建工程

本项目位于上海杨浦区海淀社区D1-4地块,地处周家嘴路南顺平路交界处。项目总建筑面积34669.8m²,其中地上建筑面积25672.26m²,地下建筑面积8997.54m²。项目由一栋高度24.75m的六层教学楼、一栋高度24.75m的六层行政楼、一栋高度9.5m的二层五年级教学楼及专用教学楼、一栋高度24.75m的七层食堂兼活动中心、一栋高度4.9m的一层小剧场、一栋高度7.3m的一层室内游泳池组成。

本项目中应用装配式混凝土技术的单体建筑是:2栋教学楼(六层教学楼、二层五年级教学楼及专用教学楼)、教学行政楼和食堂兼活动中心,装配式混凝土建筑的建筑面积为24438.75m²。上述装配式建筑采用装配整体式框架结构体系,框架抗震等级为二级。其中,非屋面层(含标准层)楼板采用预制预应力双T板;屋面层采用预制叠合楼板、预制叠合梁及预制女儿墙;楼梯采用全预制楼梯,部分单体建筑(六层教学楼)还采用了预制外填充墙。

本项目每个单体建筑所用的预制预应力双T板有2种规格,均选自国标图集09SG432-2中YTPa0920-1和YTPa0920-2。其中,板宽为2.0m,肋高900mm,肋宽120mm,肋距1.0m,板厚50mm(边缘厚40mm),YZB1和YZB2的标志长度分别为7.85m、7.95m或8.36m。预制预应力双T板的支座混凝土梁采用倒T形现浇梁和L形现浇梁;倒T形梁和L形梁在现浇时预埋好预埋件并通过现场焊接连接技术与预制预应力双T板进行固定连接;预制预应力双T板之间采用预埋钢板焊接连接,以确保预制预应力双T板协同受力。

预制构件种类:预制桁架叠合板、预制叠合梁(框架梁、次梁)、预制双T板、预制楼梯、预制外填充墙及预制女儿墙。单体预制率:六层教学楼为40.9%;六层行政楼为40%;二层五年级教学楼及专用教学楼为41.40%;七层食堂兼活动中心为40%(图2-98~图2-101)。

项目特点:

(1)本项目是上海市乃至全国首次将预制预应力双T板技术应用于学校类公建项目的典型案例。

(2)预制预应力双T板预制构件的规格种类少,工业化程度高。

(3)预制预应力双T板技术与其他常规的预制混凝土构件合理结合、灵活

图 2-98 项目效果图

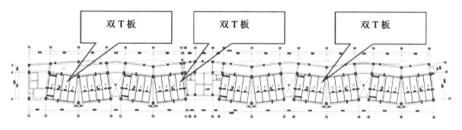

图 2-99 一~四年级教学楼 1~5 层布置图

图 2-100 双 T 板与框架梁的设计节点 1

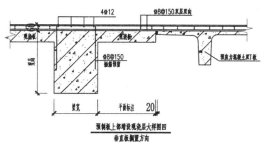

图 2-101　双 T 板与框架梁的设计节点 2

使用，既能实现建筑功能的要求，且满足预制率的目标，又能充分体现预制预应力双T板技术的独特显著优势。

2.2.3　医院建筑

在医疗建筑的设计建造中应用装配式技术具有积极的现实意义。首先，医疗建筑的建设一般都是由政府主导，为其进行标准化、系列化、模块化设计提供了良好的基础；其次，医疗建筑部分功能区（如护理单元部分）的设计特点决定了其适应装配式的建造方式。模块化的设计与预制装配可快速、高效、高品质地满足实际需求，由于其基本为干作业施工，可与室内的一体化装修同步进行，大大缩短了建筑投入运营的时间；最后，采用装配式建造方式，可有效地提高各种资源的利用率，减少对生态环境和周边交通的负面影响。生产构件的模板可进行重复利用，从而降低整个建造成本。

但现阶段应用装配式技术的医疗建筑工程实例有限，在设计阶段没有较好地认识到装配式建筑的优势，对标准化、系列化、模块化的设计思想认识不够重视，没有进行系统的研究，只是单一标准空间相互连接很难满足不同功能空间需求，对整个功能房间缺乏系统性的标准化、模块化研究。其次，有多家企业进行标准化的装配式研究，但未形成一个统一的、相互认可的建造标准体系，因此，对于装配式建筑的全面推广有很大的阻碍，也难对装配式建筑发展的优劣进行有效的评价。对以上两方面存在的问题进行深入的探索与研究，找出合适的装配式医疗建筑的设计方法是目前发展装配式医院建筑存在的主要问题。

【案例2-16】宝山区精神卫生中心迁建工程

项目概况：宝山区精神卫生中心是一座上海市二级乙等精神卫生专科医院，新建基地位于上海市宝山区中部，处于外环与绕城高速之间，建设用地面积约20095.7m²，共设床位700张（图2-102）。

本项目建筑物功能设置主要包括门诊部、急诊部、住院部、医技科室、康复治疗室、诊疗科室、防治（预防保健）科室、美沙酮门诊、保障系统用房、科研教学用房、行政管理用房、院内生活用房等功能设施用房，还包括项目配套室外场地（包括室外道路、绿化、地面停车位、病人室外活动及健身休闲场地等）及附属设施（包括供电、污水处理、垃圾收集设施等）。总建筑面积为59925.5m²，地上由住院南楼、住院北楼、医技楼（裙房）和后勤保障楼组成。其中住院南北楼分别8层和11层，通过2层的医技楼相连，后勤保障楼为4层。地上建筑面积44020.3m²；地下一层，地下建筑面积15905.2m²。

建筑平屋面建筑，建筑设计高度控制在35m，局部50m以下，最高为49.915m（室外设计地面至女儿墙顶）。

装配式概况：

主要建筑为：2层门诊楼+医技楼，住院楼两栋（分别为11层高45.3m的住院北楼、8层高33.6m的住院南楼）；塔楼与裙房之间通过防震缝分成规则结构单体。梁、板、柱等主要结构构件均预制。

住院南楼：地上层数8层，房屋高度33.6m，结构形式为装配整体式框架-现浇剪力墙结构，预制范围2~8层。

图2-102 效果图

住院北楼：地上层数11层，房屋高度45.3m，结构形式为装配整体式框架-现浇剪力墙结构，预制范围2～11层。

裙房：地上2层，房屋高度10.2m，结构形式为装配整体式框架结构，预制范围2层。

门诊医技楼及住院部单体预制构件种类：预制柱、预制梁、预制叠合板、预制楼梯、预制外墙。

门诊医技楼及住院部单体预制率：41.36%。

其他预制单体情况：后勤保障楼（21.9m），其与医技楼间以连廊连接。采用装配整体式框架结构，主要结构构件梁、板、柱等采用预制。

后勤保障楼：地上层数4层，房屋高度21.9m，结构形式为装配整体式框架结构，预制范围2～4层。

后勤保障楼预制部分体积为561.67m³，总体积为1378.70m³。

预制构件种类：预制柱、叠合梁、叠合楼板。单体预制率：40.74%。

装配式技术特点：

1）结构布置时充分利用楼、电梯交通井布置钢筋混凝土剪力墙以获得较大的抗侧刚度，当剪力墙较长时，合理设置结构洞口以避免形成长墙造成地震剪力过于集中。

2）符合标准化设计、工厂化生产、装配化施工的装配式建筑基本特征，结构主要墙体保证规整对齐，使结构更加合理，同时减少预制构件转折。本项目通过减少楼栋开间进深尺寸种类，充分发挥装配式建筑的优势，基本柱距为7200mm×8400mm。

3）预制构件种类单一，工业化程度高。

4）本项目采用的创新技术包括：三维建模，将建筑工程全寿命周期中产生的相关信息添加在该三维模型中，对设计、生产、施工、装修、管理过程进行控制和管理。三维深化设计，通过对模型直接生成构件加工图纸，能够更加紧密地实现与预制工厂的协同和对接。全专业一体化设计，土建、机电、装修及外围护构件一体化设计，减少现场的湿作业工作。

节约造价，预制构件种类单一，模具基本相同，施工周转材料费减少50%。节约工期，与传统的现浇结构相比，楼盖大部分预制，可以节省工期约25%（图2-103）。

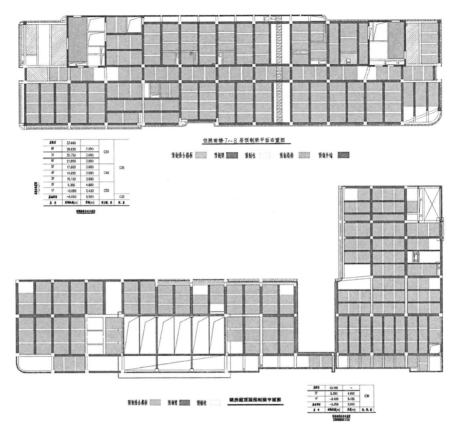

图 2-103　预制梁平面布置图

2.3　连接方式

　　装配式建筑的连接根据功能性的不同可分为预制构件之间的结构连接、防水连接及保温连接。

2.3.1　结构连接

　　预制承重构件的纵向受力钢筋连接是装配整体式混凝土结构中最为关键的技术，装配整体式混凝土结构正是在连接技术的进步与革新的基础上得到应用和发展。

1．套筒灌浆连接

套筒灌浆连接是指在预制混凝土构件预埋的金属套筒中插入钢筋并灌注水泥基灌浆料而实现的钢筋连接方式（图2-104～图2-107）。

连接套筒包括全灌浆套筒和半灌浆套筒两种形式。

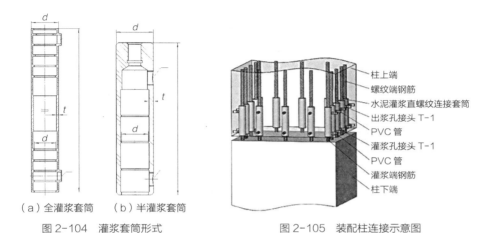

（a）全灌浆套筒　（b）半灌浆套筒

图 2-104　灌浆套筒形式

图 2-105　装配柱连接示意图

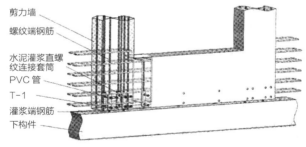

图 2-106　剪力墙连接示意图

图 2-107　套筒连接实例

全灌浆套筒：两端均采用灌浆方式与钢筋连接；

半灌浆套筒：后者一端采用灌浆方式与钢筋连接，而另一端采用非灌浆方式与钢筋连接（通常采用螺纹连接）。

在装配整体式混凝土结构中，套筒灌浆连接接头主要用于墙、柱重要竖向连接构件中的同截面钢筋100%连接部位，其连接性能应满足《钢筋机械连接技术规程》JGJ 107—2010 中的Ⅰ级接头的要求。

《装配式混凝土建筑技术标准》GB/T 51231—2016、《装配式混凝土结构技术规程》JGJ 1—2014和《钢筋套筒灌浆连接应用技术规程》JGJ 355—2015均要求套筒灌浆应饱满密实。出现套筒出浆口不出浆、套筒出浆口浆体回流等问题时，都可能导致套筒灌浆不饱满。因此，在监管体系尚不健全、操作工人培训尚不到位、设计建造工艺仍不完善的当下，应对套筒灌浆进行必要的检测，通过检测来促进并保证灌浆质量。钢筋套筒灌浆连接饱满度检测方法主要有4种：预埋钢丝拉拔法、预埋传感器法、钻孔内窥镜法、X射线数字成像法。

（1）预埋钢丝拉拔法即灌浆前在套筒出浆口预埋钢丝，灌浆料凝固一定时间后对预埋钢丝进行拉拔，通过拉拔荷载值判断灌浆饱满度的方法。必要时，预埋钢丝拉拔法检测结果可用内窥镜法进行校核，即利用预埋钢丝拉拔后留下的孔道，将内窥镜探头伸入套筒出浆口内部观测灌浆是否存在缺陷。由于预埋钢丝拉拔法是在浆体凝固后进行检测，因此，对于判断灌浆不饱满的套筒如何进行有效治理和修补有待专项研究（图2-108）。

图 2-108　预埋钢丝拉拔法
现场检测灌浆饱满度

（2）预埋传感器法即灌浆前在套筒出浆口预埋阻尼振动传感器，灌浆过程中或灌浆结束5min后，通过传感器数据采集系统获得的波形判断灌浆饱满度的方法。对判断灌浆不饱满的套筒应立即进行补灌处理。对于单独套筒灌浆，直接从不饱满套筒的灌浆口进行补灌；对于连通腔灌浆，补灌宜优先从原连通腔灌浆口补灌，从原连通腔灌浆口补灌效果不佳时，可从不饱满套筒的灌浆口进行补灌。

（3）钻孔结合内窥镜法是在套筒出浆孔管道或

套筒出浆孔和灌浆孔连线任意位置钻孔，然后沿孔道底部伸入内窥镜探头测量套筒灌浆缺陷深度。该方法无需预埋任何元件，操作简单易行，且对灌浆套筒力学性能无明显不利影响，可用于在建或已建装配整体式混凝土结构套筒灌浆质量检测（图2-109）。

图 2-109　钻孔结合内窥镜法现场检测灌浆饱满度

（4）X射线数字成像法是通过X射线工业CT对其套筒灌浆密实度进行检测。采用X射线工业CT技术检测套筒灌浆的密实情况可清晰区分灌浆与未灌浆区域；X射线工业CT技术能够克服钢筋、混凝土和套筒外壁的影响，对存在纵筋和箍筋遮挡、套筒布置位置变化、双排套筒布置等复杂情形，均能有效显示套筒内部灌浆密实情况，并能清晰显示套筒外混凝土和套筒内浆体中存在的孔洞，具备强大的无损检测能力。

各种检测方法适用性对比见表2-21。

各种检测方法适用性总结　　　　　　　　　　表2-21

检测方法	结果显示	适用阶段	适用范围	优点
预埋传感器法	波形和数据	事中检测	预制剪力墙、预制柱等，套筒出浆孔外接直管	在出浆孔预埋传感器，检测结果易于判别，发现问题可及时进行补灌，可实现施工过程控制
钻孔结合内窥镜法	图形和数据	事后检测	预制剪力墙、预制柱等，套筒出浆孔外接直管	检测方法相对简单，在出浆孔钻孔后可通过内窥镜带测距功能的探头量测灌浆缺陷深度
X射线数字成像法	图形和数据	事后检测	预制剪力墙中单排居中、梅花形布置形式的套筒	不需预埋检测元件，不需破损，成像清晰度高且可基于灰度进行定量识别
预埋钢丝拉拔法	数据和图形	事中预埋事后检测	预制剪力墙、预制柱等，套筒出浆孔外接直管	简单方便，拉拔后可通过内窥镜对灌浆缺陷进行校核

2．浆锚搭接连接

浆锚连接技术，又称为间接锚固或间接搭接，是将搭接钢筋拉开一定距离后进行搭接的方式，连接钢筋的拉力通过剪力传递给灌浆料，再通过剪力传递

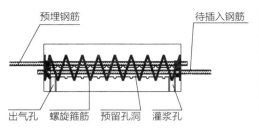

图 2-110　钢筋约束浆锚搭接连接

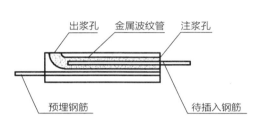

图 2-111　金属波纹管浆锚搭接连接

到灌浆料和周围混凝土之间的界面上去。

浆锚搭接连接包括：螺旋箍筋约束浆锚搭接、金属波纹管浆锚搭接以及其他采用预留孔洞插筋后灌浆的间接搭接连接方式。

螺旋箍筋约束浆锚搭接：在竖向结构构件下段范围内预留出孔洞，孔洞内壁表面预留有螺纹状粗糙面，周围配置横向约束螺旋箍筋。下部装配式构件钢筋穿入孔洞内，通过灌浆孔注入灌浆料，直至气孔溢出停止灌浆，当灌浆料凝结后，完成受力钢筋的搭接（图2-110）。

金属波纹管浆锚搭接连接：在混凝土中预埋波纹管，待混凝土达到要求强度后，下部构件受力钢筋穿入波纹管，再将高强度具有微膨胀的灌浆料灌入波纹管养护，以起到锚固钢筋的作用（图2-111）。

值得注意的是《装配式混凝土建筑技术标准》GB/T 51231—2016中规定装配整体式剪力墙结构和装配整体式部分框支剪力墙结构，当剪力墙边缘构件竖向钢筋采用浆锚搭接连接时，房屋最大适用高度应比表2-1中数值降低10m。

另外，钢筋浆锚搭接连接适用于较小直径的钢筋（$d \leqslant 20mm$）的连接，连接长度较大，不适用于直接承受动力荷载构件的受力钢筋连接。

3．机械连接

钢筋机械连接技术是一项新型钢筋连接工艺，被称为继绑扎、电焊之后的"第三代钢筋接头"，具有接头强度高于钢筋母材、速度快、无污染、节省钢材等优点。钢筋机械连接主要有：钢筋套筒挤压连接、钢筋锥螺纹套筒连接和钢筋直螺纹套筒连接。

图 2-112　钢筋套筒挤压连接

（1）钢筋套筒挤压连接

通过挤压力使连接件钢套筒塑性变形与带肋钢筋紧密咬合形成的接头。有两种形式，径向挤压连接和轴向挤压连接。由于轴向挤压连接现场施工不方便及接头质量不够稳定，没有得到推广；而径向挤压连接接头得到了大面积推广使用（图2-112）。

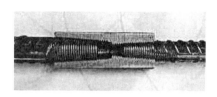

图 2-113　钢筋锥螺纹套筒连接

（2）钢筋锥螺纹套筒连接

通过钢筋端头特制的锥形螺纹和连接件锥形螺纹咬合形成的接头。锥螺纹连接技术的诞生克服了套筒

图 2-114　钢筋直螺纹套筒连接

挤压连接技术存在的不足。锥螺纹丝头完全是提前预制，现场连接占用工期短，现场只需用力矩扳手操作，不需搬动设备和拉扯电线，深受各施工单位的好评。但是锥螺纹连接接头质量不够稳定。由于加工螺纹的小径削弱了母材的横截面面积，从而降低了接头强度，一般只能达到母材实际抗拉强度的85%～95%（图2-113）。

（3）钢筋直螺纹套筒连接

直螺纹连接接头有两种，一种是用镦粗设备将钢筋端头镦粗后在螺纹套丝机上加工螺纹，这样使螺纹直径不小于母材直径，达到与母材等强度连接，这种方法称为镦粗直螺纹连接。另一种方法采用滚压工艺使钢筋表面材料冷作硬化，提高螺纹牙强度和螺杆强度，达到接头与钢筋母材等强连接的目的，这种方法称为滚压直螺纹连接（图2-114）。

4．螺栓连接

螺栓连接属于机械连接的一种，其连接构造简单，但是对精度要求相对较高。这种螺栓可以是螺纹杆或常规的螺栓。其原理是带螺纹的钢筋穿过套管，由垫板，螺母锁紧上、下相邻的预制剪力墙，完成预制剪力墙的竖向连接，仅考虑套管灌浆对螺栓的保护作用。

螺栓连接构造有两种连接形式：设置暗梁形式和预埋连接器形式，单排螺栓连接的形式既可用于一般剪力墙，也可用于暗柱部位（图2-115~图2-117）。

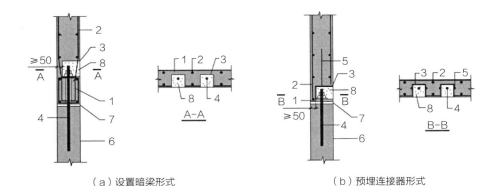

（a）设置暗梁形式　　　　　　　　　　　（b）预埋连接器形式

图2-115　螺栓连接构造示意图

1—暗梁或预埋连接器；2—剪力墙竖向钢筋；3—手孔（盒）；4—连接螺栓；5—连接器锚筋；
6—下层预制构件；7—坐浆层；8—手孔灌浆

图2-116　螺栓连接实例

图2-117　墙体螺栓－套筒混合连接

2.3.2　防水连接

　　装配式建筑由于预制构件间接缝较多，外挂墙板与主体结构的连接节点的防水性能就显得尤为重要。

　　外挂墙板与主体结构的连接节点分类具有多样性，《装配式混凝土建筑技术标准》GB/T 51231—2016中第6.1.6条将外墙板的分类进一步明确为内嵌式、外挂式、嵌挂结合式，此分类的依据是外墙板与主体结构的相对位置。外墙板和连接件均布置在主体结构之上的外墙体系为内嵌式，外墙板及连接件均布置在主体结构之外的外墙体系为外挂式，连接节点和部分外墙板位于主体结构上，而外墙板整板位于主体结构外侧的外墙板体系为嵌挂结合式。

1．嵌入式外墙板连接

　　工程上普遍应用的嵌入式连接节点为螺纹盲孔式。混凝土外墙板在生产阶段通过内埋带有注浆、出浆杆件的螺旋纹埋件，在构件混凝土初凝后抽离埋件从而在构件内形成带有注浆孔、出浆孔的螺纹盲孔构造。施工现场通过梁上预留的插筋和带有螺纹盲孔的墙板构件连接，现场注浆进而实现外墙板与主体结构的连接。

　　螺纹盲孔式连接工艺在上海市装配式建筑非承重墙体连接中应用较为广泛，此节点连接具有节约成本，连接简单的明显优势（图2-118）。

2．外挂式外墙板连接

　　外挂式墙板连接方式分为线承式和点承式节点。

　　（1）线支承连接（图2-119）

　　（2）点支承连接

　　国家建筑标准设计图集08SJ333《预制混凝土外墙挂板》推荐的点承式连接节点之一如图2-120示意，结构梁通过牛腿上预留埋件，与墙板底部预留的角钢连接件实现连接作为下承节点，结构梁牛腿下预埋钢板，与墙板上部预埋角钢连接件焊接。

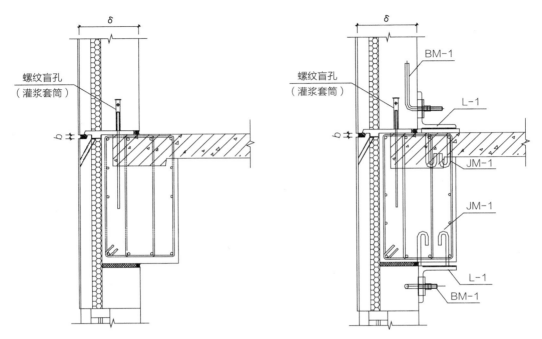

图 2-118 嵌入式节点构造详图

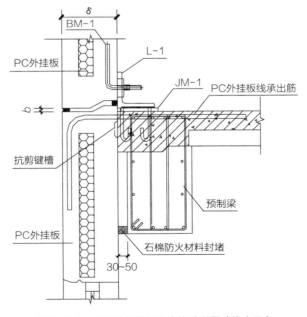

图 2-119 外挂式外墙板节点构造详图（线支承）

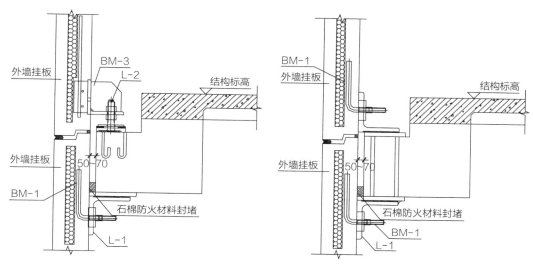

图 2-120　外挂式墙板节点构造详图（点支承）

3．嵌挂结合式外墙板连接

国家建筑标准设计图集08SJ333《预制混凝土外墙挂板》推荐的点承式连接节点之二如图2-121示意，预制墙板底部通过设置牛腿内埋连接套筒与结构梁提前预埋可调节高度的螺栓支撑件连接，此节点作为墙板下部支承点，牛腿侧边同时设置限位节点辅助下部支承点的限位。预制墙板上部预埋的锚筋通过角钢连接件在现场与结构梁预埋钢板焊接连接，角钢连接件与锚筋连接侧通过设置竖向长圆孔加滑移片的构造实现竖向限位滑移功能。

通过对以上几类连接节点生产难易、施工工序、对建筑结构的影响等性能进行对比，得出对比结果见表2-22。

现有节点性能分析　表2-22

分类	优势	劣势	备注
嵌入式	（1）不额外占用建筑面积； （2）对于保温一体化墙板，墙板总厚度较大； （3）对现浇梁免底模	（1）先装墙板，再装/浇筑梁； （2）对于一体化墙板，外叶保温伸出较多，生产难度大； （3）与主体结构协调变形能力差，温度应力下易产生裂缝； （4）对于保温一体化墙板，墙板总厚度较大	连接形式：波纹盲孔式，灌浆套筒式

续表

分类	优势	劣势	备注
嵌挂结合式	（1）可于本层结构完成后吊装； （2）柔性连接，传力简洁明确； （3）可协调部分施工及温度应力产生的变形	连接件影响室内空间使用	墙板伸牛腿式；转动式节点
外挂式	（1）上部出筋与主体结构同时浇筑，安全性能好； （2）墙板与主体结构无间隙	（1）与主体结构同时浇筑施工； （2）预制墙板工厂内平面外甩筋，生产运输效率低； （3）刚性节点，受力不明确	线支承
	（1）安装方便，受力明确，传力简洁； （2）可协调外力、温度等变形； （3）可于本层结构完成后吊装	（1）框梁需带牛腿造型； （2）预制梁上埋件同外墙上埋件均在工厂内埋置，精度要求高； （3）墙板与主体结构有间隙，需防火封堵	点支承

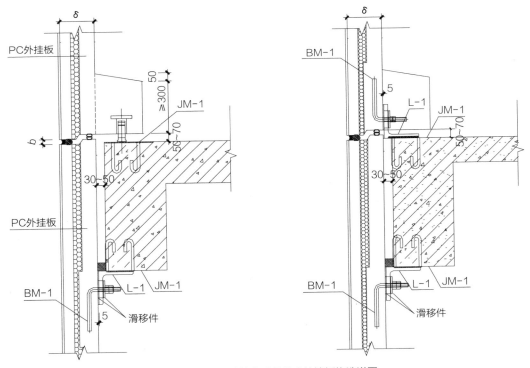

图 2-121　嵌挂结合式外挂式外墙板构造详图

另外，线支承节点连接属刚性节点，对主体结构的刚度影响不容忽视。点支承对预埋件及连接件的定位精度要求高；节点安装部位对室内空间利用会有一定影响。

4．拼缝封堵问题

由于PC外挂墙板的自身物理特性，安装后必然会在外立面留下若干拼缝。如何使得PC外挂墙板能够在冷热干湿等各种气候条件下满足建筑的使用需求，尽量降低拼缝给建筑带来的保温防潮等不利影响，并尽可能地延长其使用寿命，保证全周期的建筑性能与质量，是需要思考的关键问题。

拼缝根据位置的不同通常可分为水平拼缝和竖向拼缝。

水平拼缝有3种常见形式：PC外挂墙板上下拼接处的板缝、PC外挂墙板与PC预制板/梁的水平接缝，以及PC外挂墙板与现浇（砌）墙或梁板坐浆处的水平接缝。

水平拼缝由于其方向为水平向，易产生积尘、积水等现象，影响建筑使用寿命与表观效果。

竖向拼缝有2种常见形式：PC外挂墙板左右拼接处的板缝、PC外挂墙板与PC预制柱或现浇柱的水平接缝，以及PC外挂墙板与现浇（砌）构件的水平接缝。

封堵现状：

目前，PC外挂墙板板缝的封堵常见方式为防水密封胶封堵，密封胶直接外露。少量工程在防水密封胶外另加内衬玻纤网格布的薄抹灰或腻子以及粘贴防水卷材等。

密封胶直接外露，对现场注胶施工要求较高，拼板是否整齐、墙板表面的清洁度、注胶的厚度及宽度等都是影响密封胶封堵质量的重要因素。另外，由于部分项目的建筑方案设计并未考虑到装配式设计的要求，导致板缝与建筑外立面分隔缝不一致，影响建筑外立面完成效果。

防水密封胶外另加薄抹灰或腻子或贴防水雨布，可以在一定程度上弥补板缝与建筑外立面分隔缝不一致的缺憾。但薄抹灰或腻子固化后无法满足外墙板的变形需求，往往在拼缝处出现空鼓甚至脱落等质量问题。防水卷材对施工要求较高，尤其是施工时环境的温湿度变化，不适合全天候施工，如果施工考虑不周，也会出现空鼓等问题。

图 2-122　现场空鼓及脱落现象

另有部分项目外采用了水泥砂浆+玻纤网格布的拼缝封堵处理方式，实践证明效果不佳，已有现场产生外墙饰面局部脱落情况，给建筑表观和修补带来极大影响，见图2-122。

2.3.3　保温连接

建筑外墙保温主要有3种类型：外墙内保温、外墙外保温和夹心保温。外墙内保温是在外围护墙体内敷设保温层；外墙外保温是在外围护墙体外敷设保温层；夹心保温是外围护墙体由内外两层板组成，保温填充其间。

1．内保温连接

外墙内保温是将绝热层置于外墙内侧的复合墙体，保温材料可采用燃烧性能为B级的材料。日本建筑目前大多采用外墙内保温方式。一个原因是日本采暖与空调设备大都是以户为单元设置，即使集中设置也是分户计量，户与户之间的分隔墙有保温层，每户是一个封闭的保温空间，外墙内保温方式更合适一些。由于日本住宅都是精装修，顶棚吊顶地面架空，内壁有架空层，外墙内保温在顶棚、地面防止热桥的构造方面不存在影响室内空间的问题。

但目前内保温在国内的应用尚存在产生热桥和结露的问题，也易因墙体的温度变化导致墙体内层的开裂，还会减少使用面积。

2．夹心保温连接

夹心保温构件是指由混凝土构件、保温层和外叶板构成的预制混凝土构件。装配式建筑外墙系统采用夹心保温板，比外墙内保温节能效果好，理论上比粘贴聚苯乙烯板薄抹灰方式安全，在市场上应用较多。

夹心保温板是双层混凝土板之间夹着保温层，围护结构墙板或承重外墙板为内叶板，保温层外的板为外叶板，内叶板与外叶板之间用拉结件连接。外叶板既是保温层的保护板，也可以作为外装饰板。如此，夹心保温板实现了围护、保温、装饰的一体化。剪力墙夹心保温板则实现了结构、围护、保温、装饰一体化。

夹心保温复合墙体的绝热件性能优于内保温，但仍会产生热桥而降低保温效率，出于对夹心保温材料的保护，避免损坏、受潮，通常对外叶板四周进行封边处理，这样就造成了保温材料不连续，从而形成热桥（图2-123）。

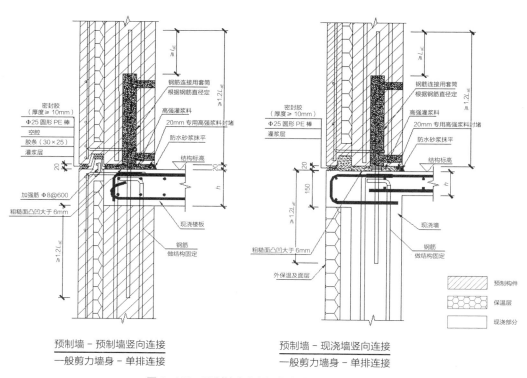

图 2-123　预制墙夹心保温竖向连接

为鼓励装配式建筑项目建筑外墙应用预制夹心保温墙体，上海市2015年1月发布了《关于推进本市装配式建筑发展的实施意见》（沪建管联〔2014〕901号），提出装配式建筑外墙采用预制夹心保温墙体的，其预制夹心保温墙体面积可不计入容积率，但其建筑面积不应超过总建筑面积的3%。但该项奖励政策已于2019年底到期废止，预计会对未来预制夹心保温墙体的应用有所影响。

3．外保温连接

外墙外保温复合墙体具有较强的优势，外墙外保温的效果优于内保温和夹心保温。它显著改善室内的热环境、节省能耗，在达到相同保温效果的前提下，可减少保温材料用量，从而取得良好的技术经济效益和社会效益，并且墙体可以蓄热、不影响室内装修和改造。外墙外保温的做法，可有效消除"热桥"，显著提高墙体的隔热功能。"热桥"又是产生结露的部位，消除"热桥"能同时避免结露的发生。就整个墙体而言，由于保温层置于渗透压高的主墙体外侧，无论墙体的内部或表面都不致出现冷凝和结露现象。

但外保温也存在外保温的防火性能差，连接可靠性难以保证，现场湿作业不环保等缺点。为解决以上问题，并结合装配式建筑和一体化设计理念，应将外保温墙设计成一种外墙（外保温）装配式一体化产品，将外饰面、外保温、连接件和外围护墙体综合集成于一体。

外墙（外保温）装配式一体化产品可由基层混凝土墙体、硅墨烯不燃保温板、保温连接件、饰面层等部分组成，为综合集成外饰面、外保温及外围护墙体于一体的预制外墙产品，包括外饰面、保温材料、保温连接件的产品研发和集成技术（图2-124）。

外墙（外保温）装配式一体化产品的主要优势有：

（1）保温板无脱落、失火风险；

（2）保温一体化集成，即工厂一体化预制，一次成型；

（3）施工难度低、工期短；

（4）夏热冬冷地区，外保温饰面总厚度可低至55mm（保温板50mm，外饰面5mm）；

（5）可实现建筑外饰面多样化需求。

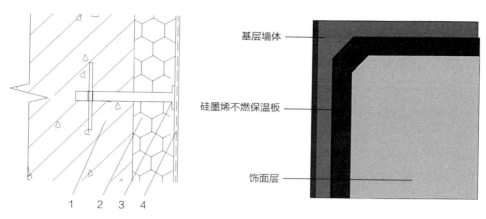

图 2-124　外墙（外保温）装配式一体化产品示意
1—基层墙体；2—硅墨烯不燃保温板；3—连接件；4—饰面层

外墙（外保温）装配式一体化产品与夹心保温外墙对比见表2-23。

外墙（外保温）装配式一体化产品与夹心保温外墙对比　　　　表2-23

分项比较	外墙（外保温）装配式一体化产品（A2级硅墨烯不燃保温板）	夹心保温外墙（XPS板）
墙体厚度、重量	200（内）+50（保温）	200（内）+40（保温）+60（外）
安全性	连接件受力简单；连接件安装可视化，便于后期检查，有效防止脱落	FRP连接件长期荷载作用下会产生蠕变、开裂
防火性	材料本身达到A级防火要求	材料防火性为B级，不能外露，需外叶板保护
生产效率	只需浇筑一次混凝土，底模平整	需分两次浇筑
保温性能、热桥分布	保温板密拼，无接缝	四周存在50mm封边热桥，不锈钢连接件则存在热桥
防水性	材料本身不吸水，无渗漏风险	外叶板开裂渗水，后期维修困难
成本	低于夹心保温	造价较高

外墙（外保温）装配式一体化产品与内保温外墙对比见表2-24。

外墙（外保温）装配式一体化产品与内保温外墙对比　　　　表2-24

分项比较	外墙（外保温）装配式一体化产品 （A2级硅墨烯不燃保温板）	内保温外墙 （XPS板）
墙体厚度、重量	200（内）+50（外保温）	200（内）+40（内保温）
安全性	连接件受力简单；连接件安装可视化，便于后期检查，有效防止脱落	保温层易被损坏，存在挥发性物质污染风险，后期因热桥较容易开裂、空鼓
防火性	材料本身达到A级防火要求	B级材料XPS存在可燃风险
生产效率	只需浇筑一次混凝土，底模平整	需施工现场后做保温
保温性能、热桥分布	保温板密拼，无接缝	热工效率较低。保温层温变和墙体不一致，产生热桥，易结露、发霉
防水性	材料本身不吸水，无渗漏风险	渗水风险较小，但易结露
成本	高于内保温	技术成熟，成本低
装修影响	无影响	占用室内空间，对二次装修影响较大，无法吊挂重物，易破坏保温层，影响居住品质

第**3**章

装配式钢结构

　　装配式钢结构的延性好，塑性变形能力强，具有优良的抗震、抗风性能，大幅提高了住宅的安全可靠性。尤其在遭遇地震、台风等灾害的情况下，装配式钢结构能够避免建筑物的倒塌性破坏。装配式结构建筑具有如下优势：

　　（1）建筑总重轻，装配式钢结构自重轻，约为钢筋混凝土结构的50%，可大幅减少基础造价。

　　（2）施工速度快，工期比传统钢筋混凝土住宅至少缩短1/3。

　　（3）使用面积大，轻质内墙能够更好地满足建筑大开间、灵活分隔的要求，并且可提高使用面积5% ~ 8%。

　　（4）环保效果好。装配式钢结构住宅施工时大幅减少了砂、石、水泥的用量，所用的材料主要是绿色、100%回收或降解的材料，在建筑物拆除时，大部分材料可以循环利用或降解，不会产生建筑垃圾。

　　钢结构因其强度高，质量轻，抗震性好等优点，在美国、英国、澳大利亚、加拿大、日本等发达国家均已大量应用。在美国，两层以下的居住用楼房建筑钢结构占比为70%。截至21世纪初，英国多层非居住类建筑中70%为钢结构，而在单层非居住建筑中，钢结构的比例达到98%。在地震频发地段的日本，装配式的房屋住宅中的钢结构比例已经超过70%，而现今我国新建的房屋住宅依然以混凝土结构和砖混结构为主，钢结构住宅仅占5%。究其原因主要有以下几方面：①大众习惯住砖木"踏实"的房子，住户对舒适度的接受度低；②受钢材价格波动影响，钢结构造价通常偏高；③墙体"空而不实"，二次装修不便；④钢结构不耐火，不防腐等问题突出（图3-1）。

图 3-1　装配式钢结构在各种建筑形式下的应用

3.1 居住建筑适用体系

3.1.1 低多层住宅

1．轻钢结构体系

轻钢结构体系可分为轻钢龙骨承重墙体系、轻钢框架结构体系以及钢框架与龙骨式复合墙体结合的结构体系。

（1）轻钢龙骨承重墙体系的结构主体是采用镀锌轻钢龙骨作为承重体系，这个结构与木结构的"龙骨"类似，可以方便建造出1～3层的低层建筑。轻型钢结构使用螺栓、螺钉连接构件。该体系起源于欧美，在日本得到了进一步的研究和开发。它不仅改变了传统住宅的结构模式，而且完全替代了砖、混凝土和木材，实现了标准化设计、工厂化生产和机械化施工，从而大大降低了施工现场的劳动强度，缩短施工工期。该体系成本造价相对较高，更适合于消费水平较高的别墅住宅群体。

该体系的优点：

1）构件尺寸较小，可将结构构件隐藏在墙体内部，有利于建筑布置和室内美观，且保温性能良好；

2）自重轻，地基费用较为节省；

3）梁柱均为铰接，省去了现场焊接及高强度螺栓的费用；

4）其受力墙体也可在工厂整体拼装，易于实现工厂化生产，易于装卸，即可加快施工进度；

5）楼板可采用楼面轻钢龙骨体系，上覆刨花板及楼面面层，下部设置石膏板吊顶，既可便于管线的穿行，又满足了隔声要求。

其缺点为：

1）梁柱之间铰接，抗震性能不好，抗侧能力也较差（在竖向密排柱无洞口部位，如窗间墙处需加十字形柱支撑）；

2）国内冷弯型钢品种相对较少，与国外冷弯轻钢骨架材料性能差异较大。

（2）轻型截面框架指梁、柱由高频焊接薄壁H型钢或热轧薄壁H型钢等组成的框架。该体系适用于6层以下的多层建筑，不适用于强震区的高层建筑。

该体系的优点：

1）开间大、使用灵活，充分满足建筑布置上的要求；

2）受力明确，建筑物整体刚度及抗震性能好；

3）框架杆件类型少，制作安装简单，施工速度较快。

其缺点为：

1）侧向刚度较差，在大风或中等地震作用下，层间位移较大，会导致非结构构件破坏；

2）梁柱截面较大，侵占建筑空间；室内出现柱楞，影响美观和建筑功能。

（3）轻型截面框架与龙骨式复合墙体结合的结构体系兼具了以上两种结构体系的特点，在跨度较大、集中荷载也比较大的结构中，相比轻钢龙骨体系可以获得更好的经济技术效益。这种体系比较适合于多层住宅。

【案例3-1】苏州积水姑苏裕沁庭

积水姑苏裕沁庭项目位于苏州市相城区广济北路与玉成路（兴业路）交汇处，其中锦苑（东区）由E1～E6号高层住宅、E7～E26号联排别墅、E27号配套服务用房及地下车库、门卫等组成，地上总建筑面积约15.6万m²；低层联排别墅部分（雅居）为16栋3层、4栋2层装配式钢结构体系，地上建筑面积约2.1万m²，如图3-2所示。

图 3-2　积水姑苏裕沁庭项目总平面示意

联排别墅地上部分采用一体化装配式钢结构体系，其围护系统、隔墙、楼板、屋顶、机电系统及内装系统均采用工厂成品或半成品，现场装配集成。项目从源头开始通过设计、材料采购、加工生产、专业安装及自有维修形成完善的工业化产业链，确保自有开发理念在过程中严格实施，为业主提供优质、舒适的产品。

本项目地上主体钢结构、外墙围护系统、内隔墙系统、楼板、屋盖及机电系统全部采用工厂成品现场集成组装，项目各单体的预制装配率为102%，充分体现了全产业链工业化的优势（图3-3）。

主体钢结构部分采用积水自有的"β系统构造"，为梁贯通构造体系，每个梁柱节点处均为单向抗侧力构造，且钢柱竖向无需严格对齐贯通，适用于低层钢结构体系，主体及非结构部分采用全装配、全干法拼接工艺，所有构件满足承载能力、变形及稳定性要求。

楼板采用150厚预制ALC板，简支于钢梁上，板间密缝拼接，端部通过M10螺杆与钢梁做限位构造连接，卫生间降板处ALC楼板搭接于梁下翼缘上的构造角钢上，每跨梁间板底都设置对角拉杆，以保证平面内整体性，防止地震时板跨变形楼板脱落（图3-4～图3-6）。

通过该项目可以看出，前置的精细化设计及定位是关键，需在设计早期确定材料及系统定位并根据实际部品部件进行集成设计。

钢结构主体布置需大胆创新，根据建筑及装修功能要求适当调整，由两个方向的面内抗侧力"龙骨墙"体系分别承担各自方向的侧向荷载，同时梁仅承

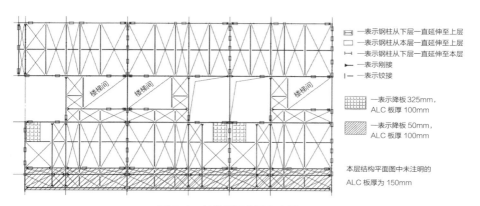

图 3-3　结构平面布置示意图

图 3-4　钢柱钢梁现场节点

图 3-5　楼板下表面拉杆布置

图 3-6　苏州积水姑苏裕沁庭项目建成效果

担竖向荷载，楼盖采用干法密缝拼接，柱、梁布置具有极大自由性，为建筑及装修的布置调整提供最大自由度，同时有助于提高标准化、自动化加工及安装效率。

配套成熟部品部件是实现高效率、高质量的重要补充，必须依赖配套的部品部件的完善成熟，钢结构住宅方可大范围推广。

3.1.2　中高层住宅

1. 装配式钢框架/钢框架–支撑

（1）装配式钢框架

普通钢框架系指梁、柱由普通热轧或焊接H型钢、钢管、箱形截面等组成的框架。

装配式钢框架结构的钢梁、钢柱、外墙、内墙、楼梯等主要部件均为预制构件，楼板采用的是钢筋桁架楼承组合板，除了楼板面层需现浇外，现场再无大面积的湿作业施工，装配化程度高。

钢框架结构房屋的最大高度　　　　　表3-1

抗震设防烈度	6、7度（0.10g）	7度（0.15g）	8度		9度（0.40g）
			（0.20g）	（0.30g）	
最大高度（m）	110	90	90	70	50

实际工程中在抗震区以及风荷载较大的地区，当结构达到一定高度时，梁柱截面尺寸将由结构的刚度控制而不是强度控制，为控制构件的截面尺寸和用钢量，钢框架结构一般不超过18层（表3-1）。

（2）装配式钢框架–支撑（延性墙板）

钢框架–支撑（延性墙板）体系是指沿结构的纵、横两个方向或者其他主轴方向，根据侧力的大小布置一定数量的竖向支撑（延性墙板）所形成的结构体系。

1）钢框架–支撑结构体系

钢框架–支撑结构的支撑在设计中可采用中心支撑、屈曲约束支撑和偏心支撑。

①中心支撑

中心支撑的布置方式主要有十字交叉斜杆、人字形斜杆、V字形斜杆或成对布置的单斜杆支撑等。K字形支撑在抗震区会使柱承受比较大的水平力，很少使用。

中心支撑体系刚度较大，但在水平地震作用下支撑斜杆会受压屈曲，导致结构的刚度和承载力降低，且支撑在反复荷载作用下，内力在受压受拉两种状态下往复变化，耗能能力较差。因此，中心支撑一般适用于抗震等级为三、四级且高度不超过50m的建筑。

②屈曲约束支撑

屈曲支撑的布置原则与中心支撑的布置原则类似，但能有效提高中心支撑的耗能能力。屈曲约束支撑的构造示意如图3-7所示，主要由核心单元、无粘结约束层和约束单元三部分组成。在多遇地震或风荷载作用下，屈曲约束支撑处于弹性工作阶段，能为结构提供较大的侧移刚度，在设防烈度与罕遇地震作用下，屈曲约束支撑处于弹塑性工作阶段，具有良好的变形能力和耗能能力，对主体结构的破坏起到保护作用。

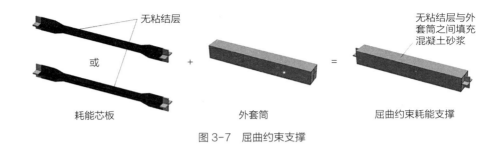

图 3-7　屈曲约束支撑

③偏心支撑

偏心支撑的布置方式主要有单斜杆式、V字形、人字形或门架式等。偏心支撑的支撑斜杆至少有一端与梁连接，并形成消能梁段，在地震作用下，采用偏心支撑能改变支撑斜杆与耗能梁段的屈服顺序，利用消能梁段的先行屈服和耗能来保护支撑斜杆不发生受压屈曲或者屈曲在后，从而使结构具有良好的抗震性能，对高度超过50m以及抗震等级为三级以上的建筑宜采用偏心支撑（表3-2）。

2）钢框架–延性墙板结构体系

钢框架–延性墙板结构体系中的延性墙板主要指钢板剪力墙和内藏钢板支撑的剪力墙等。

①钢板剪力墙

钢板剪力墙是以钢板为材料填充于框架中承受水平剪力的墙体，根据其构造分为非加劲钢板剪力墙、加劲钢板剪力墙、防屈曲钢板剪力墙以及双钢板组合剪力墙等形式。

②内藏钢板支撑的剪力墙

内藏钢板支撑的剪力墙是以钢板支撑为主要抗侧力构件，外包钢筋混凝土墙板的构件。

钢框架-支撑结构房屋的最大适用高度（m）　　　　表3-2

结构类型	抗震设防烈度				
	6、7度 （0.10g）	7度 （0.15g）	8度		9度 （0.40g）
			（0.20g）	（0.30g）	
框架–中心支撑	220	200	180	150	120
框架–偏心支撑（延性墙板）	240	220	200	180	160

3.1.3 超高层住宅

1. 钢框架–混凝土核心筒

钢框架–混凝土核心筒是超高层住宅较为优异的一种结构体系。

钢框架–混凝土核心筒结构有不同的形式，其框架部分除采用钢框架外，必要时也可采用钢管混凝土柱（或钢骨混凝土柱）和钢梁的组合框架；钢框架必要时可下部楼层用钢骨混凝土柱和上部楼层用钢柱，混凝土核心筒必要时可作为钢骨混凝土结构。此外，周边钢框架必要时可设置钢支撑加强，使钢框架成为具有较高侧向承载力的支撑框架。钢框架混凝土核心筒结构宜做成双重结构体系。

2. 装配式钢筒体结构

通常钢筒体结构包括框筒、筒中筒、桁架筒、束筒等结构形式，从平面布置来看，筒体结构的共同特点是通过密柱深梁形成翼缘框架或腹板框架，从而成为刚度较大的抗侧力体系。桁架筒的柱距可以稍大一些，通过桁架加强其抗侧刚度。装配式钢束筒结构是装配式钢筒体结构体系的一种，多用于高层和超高层建筑中。

随着建筑高度的增长，框筒结构、筒中筒结构抗侧刚度很难满足超高层建筑结构的要求，为提高筒体的抗侧刚度，可以将由两个或两个以上的钢框筒紧靠在一起呈"束"状排列，即形成钢束筒结构。与装配式钢框筒结构、筒中筒结构相比，装配式钢束筒结构的腹板框架数量要多，翼缘框架与腹板框架相交的角柱增多，具有更大的刚度，能够大大减小筒体的剪力滞后效应，且可以组成较复杂的建筑平面形状。

由于钢束筒结构的侧向刚度较大，多用于高层和超高层建筑中，最大适用高度见表3-3。高宽比不宜大于表3-4。

装配式钢束筒结构的最大适用高度（m）　　　　　　　表3-3

非抗震设计	抗震设防烈度					
	6度	7度 （0.1g）	7度 （0.15g）	8度 （0.2g）	8度 （0.3g）	9度 （0.4g）
360	300	300	280	260	240	180

装配式钢束筒结构的最大高宽比 表3-4

抗震设防烈度	6度	7度	8度	9度
最大高宽比	6.5	6.5	6.0	5.5

3.2 公共建筑适用体系

对于装配式钢结构公共建筑同样可以采用装配式钢框架和装配式钢框架-支撑（延性墙板）结构。

3.2.1 商场、办公类建筑

装配式钢结构的商场、办公建筑与传统钢筋混凝土结构相比较，装配式钢结构具有以下特点：

（1）具有较高的室内空间的使用率。室内使用面积增加，若为超高层建筑则将增加更多。空间使用率和销售均价对产生的经济效益有较大的影响。

（2）大幅降低了建设周期。超高层建筑使用装配式钢结构形式对建设周期的缩短更加明显；同时，具有绿色环保优势以及优异抗震和抗风灾性能。

（3）主体结构造价较高。装配式钢结构造价比钢筋混凝土造价高很多，加上水、暖、电、幕墙等工程的建安总造价累计不容小觑。

装配式钢结构在实际的商场、办公类项目中虽然体现了其建造过程中的多种优势，但未来要在我国发展和壮大，建议在以下几方面加以完善和改进：①建筑成本和建筑经验约束发展。钢材价格、运输和商场、办公类施工现场吊装占据成本最大，缺乏成熟的建造经验，需要加大我国装配式钢结构建筑工厂化建设，形成产业规模，集约化生产，降低成本。②装配式钢结构耐腐和耐火性能较差。在今后的建设中需要加强钢材防锈、防腐等高性能试验研究。同时，在商场、办公类建筑物使用过程中，需加强结构防火、耐火的保护措施和保护方式的研究。③信息化标准体系不完善。在推进装配式钢结构建筑在商场及办公类建筑中的建设时，若能从设计、模块化制造、运输、安装和管理多环节着手，建立信息化标准体系，加强管理和协调，加快建设周期，提高综合经济效益，将更加体现钢结构建筑的优势。

3.2.2　学校建筑

钢结构在学校建筑中应用优势明显，可以提供优质舒适的公共空间，利于人员集散，空间品质高，利于提升学生的身心健康。同时钢结构学校建筑可以提供高品质的公共建筑外观，提升公共建筑城市形象，通过建筑给人以健康、信赖、安全、高品质服务的体验，符合人们的心理需求。

根据中小学建筑特点，中小学建筑类型为多层公共建筑，结构体系主要采用钢框架结构（图3-8 ~ 图3-10）。

图 3-8　奉贤区四团小学项目

图 3-9　智富名品城九年一贯制学校项目

图 3-10　邯郸校区中华经济文化研究中心项目

3.2.3　医院建筑

　　钢结构以其材料轻质、高强，抗震性能好等优点，尤为适用于对抗震等级要求较高的医院等重要公共建筑。相比于混凝土结构，装配式钢结构医院室内净使用面积更大，净高更高，建筑效果宽敞通透（图3-11）。

图 3-11　上海市闵行区中心医院新建科研楼项目

图 3-12　上海市疾病预防控制中心新建工程项目

图 3-13　上海交通大学医学院附属瑞金医院消化道肿瘤临床诊疗中心

　　特别是医院在改扩建过程中，已有医疗工作不能停歇，也不能出现噪声、扬尘等较大的干扰，且要求施工周期短，传统的钢筋混凝土结构较难满足上述需求。相对而言，装配式钢结构体系可以避免施工现场砂石、水泥堆放，减少模板储运以及现浇钢筋混凝土施工作业的噪声、粉尘污染，对周围病护区和正常的医疗工作影响小，适合在医院改扩建项目中应用。只是过去由于受设计、生产、施工等产业链不配套的制约，使得钢结构医院建设成本高且发展较缓，但近年来随着国家政策支持，钢结构医院开始逐渐出现在实际工程之中，并显现了其在医院改扩建过程中的优势（图3-12、图3-13）。

　　但装配式钢结构在医院建筑应用时，有以下几点问题值得注意：

　　（1）钢结构轻质高强，但刚度相对较小，宜形成共振，对医疗器械（特别是核磁共振类器械）精准性产生不利影响；

　　（2）医院环境化学药品种类较多，特别在液体库房、实验室区域，对钢材有腐蚀影响，不建议采用金属材料；

　　（3）钢结构定期的后期维护将直接影响医院正常工作，且维护费用较高，影响投资建设。

第4章

工业化内装

随着装配式建筑行业细分市场,"工业化装修"成为推广装配式建筑发展的一个关键词。传统的装修方式存在大量的现场加工和湿作业,工期较长,施工质量完全依赖工人水平等问题。装配式装修采用干式工法,部品部件在工厂预先制作完成,由产业工人在现场进行组装,安装速度快、质量好、无污染。着眼国内,住房城乡建设部发布的《"十三五"装配式建筑行动方案》中明确指出,推进建筑全装修及菜单式装修,提倡干法施工,减少现场湿作业,推广集成厨房和卫生间、预制隔墙、主体结构与管线相分离等技术体系。放眼世界,欧美及日本等发达国家和地区市场上在售住宅基本都是全装修房,装修部品化程度高,促使内装工业化同步发展。因此,推广装配式全装修部品部件对提升住宅施工质量有着重要意义。

近年来,党中央、国务院高度重视装配式建筑的发展,推进建筑全装修是发展装配式建筑的重要内容之一,多份重要文件都提出了推进建筑全装修发展的具体要求。上海市政府也出台了一系列政策文件,营造了大力推动建筑全装修发展的良好政策氛围,明确提出了发展目标,引导和鼓励新建商品住宅一次装修到位或采用菜单式装修模式,分步实施,逐步达到取消毛坯房、直接向消费者提供全装修成品住房的目标。其中《关于装配式建筑单体预制率和装配率计算细则(试行)的通知》(沪建建材〔2016〕601号)将全装修和内装工业化计入装配率,极大地促进了全装修与装配式同步发展,诸多房企也顺势采用工业化解决方案来解决全装修质量通病(表4-1)。2019年对建筑单体预制率和装配率的计算方法进行修订——《上海市装配式建筑单体预制率和装配率计算细则》(沪建建材〔2019〕765号),新修订的计算细则中进一步提高了内装部分的比例,计算系数如表4-2所示。

上海全装修住宅建设推进的比例要求　　　　　　　　表4-1

年份	全装修住宅建设比例要求
2008	外环以内商品住宅中全装修住宅建设比例30%以上,其他地区达到10%以上
2010	外环线以内60%以上,其他地区30%以上
2017	外环线以内100%全装修,其他地区50%,奉贤区、金山区和崇明区实施比例为30%
2020	外环线以内,崇明区100%全装修,其他地区,奉贤区、金山区实施比例应达到50%

765号文件中关于内装部分的计算系数　　　　表4-2

权重系数	构件部品	技术工艺	修正系数
0.5	内装	全装修	0.25
		非砌筑内隔墙	0.10
		室内墙面干法饰面	0.10
		集成厨房	0.10
		集成卫生间	0.10
		装配式楼地面	0.05
		管线分离	0.05

工业化内装产品涉及子系统较多，本节通过对相关内装企业的技术体系和产品工艺进行调研，针对装修系统中的地面、隔墙、吊顶及集成式厨房和卫生间的应用情况做简要介绍。

4.1　装配式内装系统

1．地面系统

地面系统根据构建形式可分为快装地面系统和架空地面系统。快装地面系统分为两种，龙骨铺装法和直接胶粘法。龙骨铺装法是在地面铺设龙骨，再将大幅面板通过企口与龙骨便捷地安装。直接胶粘法是在楼面上点胶，再将地板铺设在楼面上，通过胶与地面连接。

架空地面系统是在楼面上安装地脚螺栓，调整地脚螺栓的高度，最后将面板铺设在上面。管线、管道可以在架空层中铺设。市场上的部分地脚螺栓，可以免去楼面的找平层，直接在楼面上铺设，通过调节高度来实现找平。架空系统安装速度快捷，更换维护方便，同时隔声效果优异。但地板在受力情况下容易弯曲，脚感差。因为架空，所以容易产生空鼓声音。整个系统高度为80mm左右。

如图4-1左图所示，是和能人居的水泥活动架空地板的架空地面系统，图4-1右图为龙骨铺设的快装地面系统。它具有空腔敷设管线、地脚螺栓调平、高强度承载力、隔声效果良好的特点。

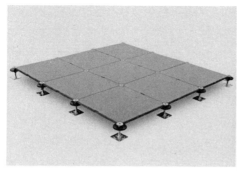

图 4-1 架空地面系统

图 4-2 轻质隔墙系统

2．轻质隔墙系统

轻质隔墙分为预制条板和组装墙体。预制条板即轻质条板，墙板厚度100～200mm，通过连接件与柱、板、墙、梁等连接。组装墙体是指轻钢龙骨/木龙骨组合墙体。将龙骨、面板等在工厂生产，运输到现场安装。如图4-2所示，是和能人居的轻质隔墙产品，它具有灵活分隔空间、空腔管线集成、隔声效果可靠、应用环境宽泛的特点。

3．集成吊顶系统

集成吊顶系统，既有结合轻质隔墙系统，利用支撑龙骨将轻质吊顶板以搭接的方式布置于墙板上，不与结构顶板做连接的吊件。这种吊顶系统不破坏结构、施工便捷、施工效率高、易维护。有利用楼板顶面固定龙骨，再安装吊顶

图 4-3　集成吊顶系统

面板。与传统的吊顶不同之处，大量减少满顶打钉和嵌缝的复杂工序。这种吊顶系统安装速度快，直接吊挂安装，节省房间高度。如图4-3所示，是和能人居的集成吊顶系统产品，它具有搭接自动调平、免吊挂易安装、便于管线维护、饰面效果丰富的特点。

4．管线分离

管线分离是指管线敷设与主体结构分离，即将电气、给排水和采暖管线裸露于室内空间以及敷设在地面架空层、非承重墙体空腔和吊顶内的做法。在传统的建筑中，室内装修将设备管线预埋进混凝土楼板和墙体等结构构件中，当设备管线老化时，改造更新需剔凿主体结构，不仅维护成本较高，也影响建筑的使用寿命。采用管线分离技术，因为其预留在结构主体之外，降低施工难度，大大增加了灵活性，减少了施工过程中的高损耗。

4.2　集成式（整体）厨房

集成式厨房是由工厂生产的楼地面、吊顶、墙面、橱柜和厨房设备及管线等集成，并采用干式干法装配而成的厨房。即按人体工程学，炊事操作工序模数协调及管线组合原则，采用整体设计方法而建成的标准化、多样化完成炊事、餐饮、起居等多种功能的活动空间。

相比于传统厨房，集成式厨房具有如下优势：

（1）整体性

集成式厨房是将整体橱柜，厨房电器和各种厨房用具进行系统合理的组合，形成一个整体，实行配置整体、设计整体、干法组装的一体化格局，从而实现功能科学、艺术、实用、美观的完整统一。

（2）安全性

通过专业人士系统而全面的整体设计，解决了传统厨房存在的各种安全隐患，实现了水与火，电与气合理的布局形式。

（3）健康性

甲醛和辐射的侵害是家居存在的普遍现象，集成式厨房在选用材料商特别注重环保问题；材料和设备再加上设计，告别了烟熏火燎的厨房"战场"。

（4）舒适性

在集成式厨房的设计和制作过程中，合理运用了人机工程学和工程材料学的原理，普及以人为本的设计理念，对做饭操作流程进行了排列和规范，增加了人们的生活乐趣，本着以人为本的设计理念，精心设计，满足每个客户的个性需求。

（5）美观性

现代化的集成式厨房是美观和实用的统一体，它在美观装饰上已经不是被遗忘的角落，而是居家生活的休闲场所。

图4-4所示为和能人居的集成厨房的效果图及产品组成图。它具有油烟分离、预设柜体加固、无缝构造板墙、易于维护打理的特点。

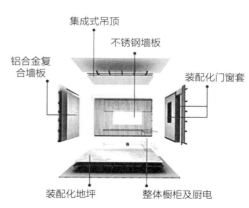

图 4-4 集成厨房

4.3　集成式（整体）卫生间

集成式卫生间是由工厂生产的楼地面、墙面（板）、吊顶和洁具设备及管线等集成并主要采用干式工法装配而成的卫生间。它包含多器具的集成卫生间产品和仅有洗面、洗浴或便溺等单一功能模块的集成卫生间产品。

相比于传统卫浴，集成式卫生间具有如下优势：

（1）施工便捷，提高了卫生间装修质量和效率，降低了卫生间装修的人工费用

传统卫生间需两周时间，历经水电管铺设，防水工程，竖隔板和贴砖等复杂工序。而系统卫浴一体化成型，采用干法施工，"搭积木"式安装，一个工人一个工作日即可完成一整套卫生间的安装。无安装垃圾，现场易清洁。施工操作便捷，易于保证质量。

（2）延长卫生间使用寿命

传统卫生间由于瓷砖出现开裂，脱落，空鼓，普遍使用年限为5年左右，而系统卫浴结构化组装，坚固耐用，使用寿命可长达20年。

（3）解决卫生间防水的技术难题，提高卫生间使用舒适度

采用一体整体成型技术的防水底盘，不会出现瓷砖的拼缝，因此也避免了勾缝发霉发黑的问题；且边角采用圆弧形设计，避免卫生死角，更清洁卫生。蜂窝复材板导热系数较低，触感温润，冬季使用脚底不冰凉，夏季不会产生墙面返潮的现象。

（4）保证产品质量，综合效益高

集成式卫浴空间虽小，但包含了所有卫生间用品，不需要采购名目繁多的购物料，不需要对接多个供应商，一站式购齐，降低采购成本，提高效率（图4-5）。

目前我国住宅内装工业化的发展还处于起步阶段，但工业化行业的整装理念已经贯彻到了建筑产业中，并响应了装配式建筑的发展。其本身所拥有的适用性也是面向全部的室内场所，其自身存在的优势超过了传统内装产品，比如部件标准化、全生命期运维等。在我国政策的引导与支持下，在一定范围内得到了推广。但是，纵观我国工业化内装发展现状来看，工业化内装仍存在有待改善之处。一是未能实施全装修设计施工一体化，装修与主体结构施工、机电

 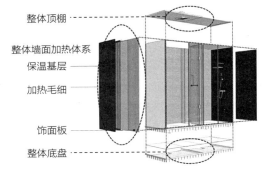

整体顶棚

整体墙面加热体系

保温基层

加热毛细

饰面板

整体底盘

图 4-5　集成卫浴

设备安装等环节衔接不顺畅。二是装配化装修水平有待提升。标准化、集成化、模块化的装修设计、施工模式亟待推进，整体厨卫、轻质隔墙等材料、产品和设备管线集成化技术应用亟待加强。三是菜单式装修所要求的沟通能力、合同谈判能力、多种选择菜单定制能力等，都比较缺乏。四是适用于装配化装修的部品部件种类偏少，能够体现建筑细部品质的五金件质量不够好。

　　为解决以上问题首先要加大标准、规范研发力度，围绕设计、施工装配、监理竣工管理环节出台住宅全装修标准规范；其次是要求研究出台适合于保障性住房、商品住房的全装修技术体系和监管模式，推进实施建筑全装修与结构、机电和设备设计一体化；另外可对住宅全装修给予金融、税收等方面的扶持政策；最后应加大宣传引导力度，通过媒体、网络、舆论等方式宣传建筑全装修优势，监督开发商销售行为，转变消费者观念，引导其购买全装修住房。

第**5**章

其他新型技术体系

5.1　组装式预制墙技术

组装式预制墙为采用混凝土小尺寸砌块，在工厂预制的墙片，并在工程中通过拼装而成墙体，简称预制墙。组装式预制墙主要应用于非承重的围护墙体中，预制墙中的保温预制墙视同全截面预制夹心保温墙。该技术是由企业联合高校和设计院组成产学研，共同进行研究与开发，立足于自身自保温结构体系的优点，并结合现行的要求，系统地解决了墙体的保温性能和耐久性能。通过工程应用实践，已经编制了上海市建设工程规范（图5-1、图5-2）。

组装式预制墙体具有优点如下：

（1）组装式预制墙体集保温、防火于一体，实现了保温与建筑同寿命，提高了建筑墙体的整体性和安全性。

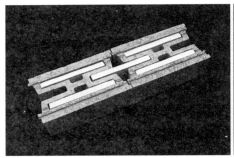

图 5-1　混凝土小尺寸砌块

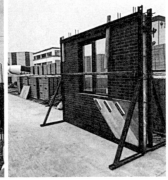

图 5-2　组装式预制墙

（2）组装式预制墙体系克服了目前混凝土装配式结构体系成本高、建筑模板用量大等问题。

【案例5-1】青浦华为人才公寓

青浦华为人才公寓位于青浦区朱家角镇，东至青浦大道、西至青顺路、南至淀惠路、北至新塘港路。项目由19栋7～9层的中高层住宅，1栋4层配套公建及其他6栋市政配套用房、门卫，1个独立地下汽车库组成，总建筑面积124580.14m²，其中地上建筑面积83701.69m²（含计容积率面积79960.81m²，不计容积率面积3740.88m²），地下建筑面积40878.45m²。建筑抗震设防烈度为7度（图5-3、图5-4）。

图 5-3　鸟瞰图

图 5-4　效果图

单体概况：

住宅部分：7层单体结构高度20.6m，8层单体结构高度23.5m，9层单体结构高度26.4m；地下二层层高均为2.8m，带一层底商的18号、19号楼商业部分层高3.5m，其余地下一层和地上部分层高均为2.9m。

配套公建20号楼：共三层局部四层，坐落于地库之上。结构高度12.15m，层高分别为4.2m、3.9m、3.9m、3.9m。

地库部分：结构高度3.85m，层高为3.7m。

结构体系：住宅均采用预制装配整体式剪力墙体系，20号楼采用预制装配式框架体系，单层配套及地下汽车库均采用现浇钢筋混凝土框架体系。

预制构件类别：组装式预制墙体、预制阳台、预制空调板、预制楼梯、叠合楼板、叠合梁、预制剪力墙。

预制率：预制装配整体式剪力墙住宅和预制装配式框架体系的单体预制率均大于40%（图5-5～图5-7）。

图5-5 组装式预制墙体1

图5-6 组装式预制墙体2

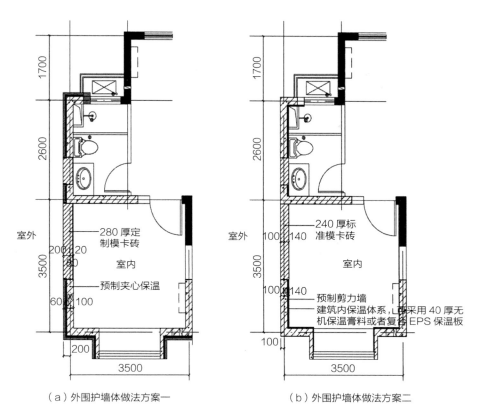

（a）外围护墙体做法方案一　　　　（b）外围护墙体做法方案二

图 5-7　组装式外围护墙体做法

5.2　叠合与免模技术

此处叠合与免模技术不同于前述的双面叠合剪力墙和复合模壳剪力墙，主要是指应用叠合或免模技术的梁柱。

叠合柱为预制空心柱构件现场安装就位后，在空腔内浇筑混凝土，并通过必要的构造措施，使现浇混凝土与预制构件形成整体，共同承受竖向和水平作用的叠合构件。

叠合梁为由成型钢筋笼与混凝土一体制作而成，在现场后浇混凝土形成整体，包括矩形叠合梁、U形叠合梁及双皮叠合梁。

成型钢筋笼为钢筋焊接网或弯折成型钢筋网通过专用机械装备，按规定形状、尺寸通过焊接或绑扎方式整体成型的钢筋笼（图5-8～图5-11）。

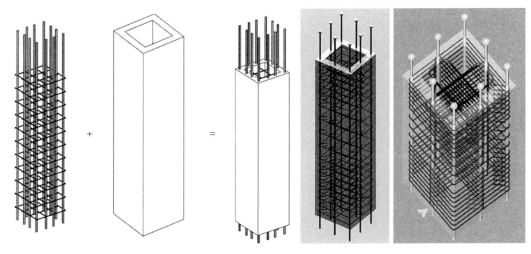

图 5-8 叠合柱三维示意图

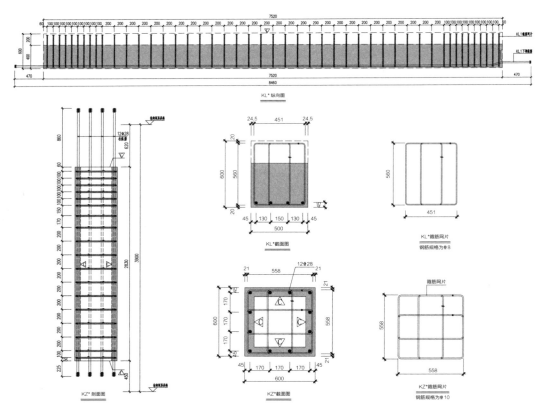

图 5-9 叠合柱构件详图

免模梁简介：

免模梁的工作原理与构造和模壳剪力墙构件的工作原理相同，只是由于梁的高度有限，其模板承受浇筑混凝土时的侧压力较小，连接件的密度可以相对放宽。预制梁的钢筋在梁的预制模板槽内，在工地上吊装到设计位置。免模梁构件的组成如图5-12所示，免模梁构件实例如图5-13所示。

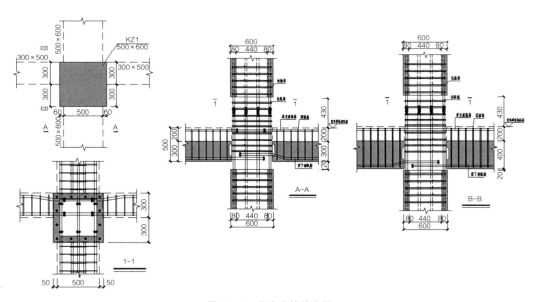

图 5-10　叠合中柱节点图

图 5-11　叠合柱现场图

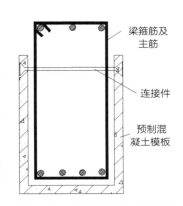

图 5-12　免模梁构件组成示意图

图 5-13　免模梁构件实例

5.3　集装箱模块化建筑

集装箱模块化建筑为以具有建筑使用功能的集装箱箱体作为一个建筑单元模块，组合而成的房屋。简称集装箱组合房屋。

集装箱组合房屋宜用于以集装箱自然开间为主要功能间的低层和多层建筑，其建筑设计应符合模块集成性、组合多样性和功能实用性的原则，有效地利用空间并便于建造施工。当符合工程技术经济合理性要求时，箱体宜采用既有集装箱（图5-14、图5-15）。

图 5-14　重庆市渝北商业建筑

图 5-15　公园世界城售房部

集装箱建筑优点及缺点：

同建筑荷载要求相比，集装箱的荷载性能更高一筹，结构稳定性良好。集装箱本身具有良好的密封性，在防火、防腐蚀等性能上都较强，并且具有较高的振动、形变抗性。其次具有标准化的尺寸，在模块化应用上适应性更强，能够以各种形式进行自由组合，创造出更加多样的模式。集装箱建筑可做到资源的循环利用，具有更加简便的施工环境，大大缩短了施工周期，能够方便拆装，并且可以迁移至任何地方。

集装箱建筑的缺点主要有舒适度较低，使用寿命比较短，隔热、隔声效果比较差，需要内部做装修。

集装箱组合房屋结构的布置和组合应形成稳定的结构体系。箱体叠置的低层房屋结构可组成叠箱结构体系，其层数不宜超过3层；箱体与框架组合的多层房屋结构可组成箱框结构体系，层数不宜超过6层，其框架可采用纯框架或中心支撑框架。

中国工程建设协会已针对集装箱模块化建筑出版相关标准《集装箱模块化组合房屋技术规程》CECS 334：2013。

第6章

结构体系选型与实施建议

本书通过对几种常用的装配式建筑结构体系进行梳理总结，阐述了各类体系本身的适用性、优缺点，分析了各类结构体系应用中的注意要点，并结合实际工程项目案例，总结出不同结构类型下的成熟可行结构体系的最大适用高度及适用范围（表6-1、表6-2），以下提出几点建议，为后续装配式建筑项目结构体系的选型与实施提供参考。

装配式混凝土结构体系推荐目录 表6-1

建筑类型		结构体系	最大适用高度（m）			建议预制构件类型
			6度	7度（0.15g）	8度（0.30g）	
住宅	低多层	装配整体式异形柱框架	24	21	12	预制楼板、楼梯、外围护墙板、阳台板、凸窗
		装配式墙板结构	27	24	21（18）	预制墙板、预制楼板、楼梯、外围护墙、阳台板、凸窗等
	中高层	全部或部分预制剪力墙	120	100	80	预制剪力墙、预制楼板、楼梯、外围护墙、阳台板、凸窗等
		双面叠合混凝土剪力墙	90	90	80	预制剪力墙、预制楼板、楼梯、外围护墙、阳台板、凸窗等
	超高层	装配整体式混凝土框架–现浇剪力墙	130	120	100	预制梁、预制楼板、外围护墙、阳台板、凸窗等
		装配整体式混凝土框架–现浇核心筒	150	130	100	
公共建筑	商场办公	装配整体式框架结构	60	50	40（30）	预制柱、预制梁、预制楼板、楼梯、外围护墙、阳台板等
		装配整体式混凝土框架–现浇剪力墙	130	120	100	
	学校	装配整体式框架结构	60	50	40（30）	
	医院	装配整体式框架结构	60	50	40（30）	
		装配整体式混凝土框架–现浇剪力墙	130	120	100	

装配式钢结构体系推荐目录　　　　　　表6-2

建筑类型		结构体系	最大适用高度（m）			
			6度	7度 （0.15g）	8度 （0.30g）	9度
住宅	低多层	装配式轻钢结构	18	18	18	—
		装配式普通钢框架	110	110（90）	90（70）	50
	中高层	装配式普通钢框架	110	110（90）	90（70）	50
		装配式钢框架-中心支撑	220	220（200）	180（150）	120
		装配式钢框架-偏心支撑	240	240（220）	200（180）	160
	超高层	装配式钢框架-混凝土核心筒	200	160	120	70
		装配式钢束筒	300	300（280）	260（240）	180
公共建筑 （商场、办公、 学校、医院）		装配式普通钢框架	110	110（90）	90（70）	50
		装配式钢框架-中心支撑	220	220（200）	180（150）	120
		装配式钢框架-偏心支撑	240	240（220）	200（180）	160

（1）在低多层建筑中，装配整体式异形柱框架结构体系相较于装配式剪力墙结构及其他结构体系，具有组合方式多样化、满足不同空间需求、造价低等优点，但由于相关规范的规定，装配整体式混凝土异形柱框架结构的柱、梁不应采用预制，故可预制构件的类型及范围较少，在目前上海预制率的要求下难以实现，建议在装配整体式混凝土异形柱框架结构的设计中注重标准化，加强装配式外围护墙板的应用，引导采用提高装配率的方式来满足指标要求。

（2）在低多层建筑中应用剪力墙结构虽能满足预制率的政策要求，但结构刚度过大，混凝土用量较多，工程造价偏高，不宜采用，应积极推广多层全装配式墙板结构体系，在低多层建筑中实现结构全干法的快速拼装。

（3）高层装配式建筑结构体系可选种类较多，对于居住建筑可选择装配整体式剪力结构或装配式框架-剪力墙结构，对于公共建筑一般可选择装配式框架结构，高层装配式建筑项目应用较多，发展较为成熟，应用过程中应结合项目的实际情况综合对比各体系的适用性与经济性，选择时做到有的放矢。

（4）对于装配式剪力墙结构满足40%预制率可选预制构件种类较多，但对于装配式框架-剪力墙结构应规范要求，剪力墙不建议预制，故可选预制构件类型主要为预制柱、预制梁、楼梯等，这就需要合理地优化预制构件布置方案，做到标准化设计。

（5）对于超高层住宅，单体预制率不低于15%或单体装配率不低于35%（对于超高层公共建筑仍为单体预制率不低于40%或单体装配率不低于60%），但由于可供选择的预制构件和部位有限，基本仅可对水平构件（楼板、楼梯、阳台板、空调板等）和部分外围护墙进行预制，这就对标准化设计提出了更高的要求，应尽量加大构件的重复利用率，减少构件的种类，提高构件模具的使用率。

（6）在公共建筑中应首选框架结构或框架-支撑结构体系，提倡大空间来满足建筑使用功能的需求，实现室内空间的灵活分隔，应加强适用于大开间楼板的应用。在超高层的公共建筑项目中，应考虑组合结构的优越性，采用预制钢管混凝土结构或预制劲性结构体系。

（7）对于学校和医院类具有较高功能性要求的建筑，先要符合教学和医疗的使用要求，并结合每个项目的特殊性，做好标准化设计，对于医院和学校改扩建项目，钢结构具有明显的优势，但应注意到结构对使用环境的影响，例如结构与仪器的共振、化学制品对结构的腐蚀等，应做进一步深入研究。

（8）轻钢结构体系具有开间大、使用灵活、施工速度快等优点，并且可以实现较高的装配率，在低多层住宅的体系选型时，应充分考虑轻型钢结构，但应注重住户对轻钢结构接受程度的问题，采用适当的手段来提高结构的舒适度，对于临时性建筑可首选轻钢结构体系。

（9）在高层和超高层结构体系选型时，应考虑到钢结构的优势：轻质高强、利于抗震、施工快速等，但应做好钢结构的防火防腐处理，并且要考虑到后期维护的问题，同时钢结构造价易受钢材的价格波动影响，通常造价相较于混凝土结构高，这就需要在优异的结构性能和高造价中找到平衡。

（10）在装配式建筑的结构连接中应结合结构体系的不同进行选择，对于低多层的墙板连接，应优先采用全干法的机械连接，提高现场安装的质量与速度；对于灌浆套筒连接，应采用专业化施工队伍，注重人才队伍的培养，并采用有效的灌浆质量检测的方法，确保灌浆质量；对于预制墙板间的防水连接，应注重预制构件间拼缝封堵的问题，宜采用防水密封胶封堵，密封胶直接外露，避免盖缝造成的空鼓和脱落；对于保温连接，应尽量避免热桥的产生，随着夹心保温面积奖励政策的到期，将会对预制夹心保温墙体的应用有所影响，这就更需要加强新材料、新产品、新工艺的研究，采用一体化外墙板（外保温），实现饰面、保温、围护一体化。

（11）应注重工业化内装设计，在结构体系选型时就应充分考虑工业化内装设计，使工业化内装与结构体系相适应，充分发挥工业化内装的优势。

在实际工程应用中除上述几点建议外，如何选择最优结构体系尚需考虑以下方面的影响：

（1）功能要求。不同建筑因使用及功能要求的不一样，平面布局的要求也随之不同，因此在结构选型时必须考虑到不同建筑功能的要求对结构体系的影响。

（2）建筑高度因素。不同结构体系的侧向刚度不同，抵抗水平力的能力也有所不同，不同的结构体系均存在最佳适用高度和最大高宽比限值，实际工程应用时应根据表6-1、表6-2中数据灵活选择最优结构体系。

（3）建筑材料的消耗量。高层建筑中，结构单位面积耗材量大致是一定的，住宅层数及抗侧力体系对墙、柱等竖向承重构件材料消耗影响较大，故在满足其他各种要求的前提下为了节约材料降低成本必须选择最优结构体系。

（4）结构抗震设防的要求。存在抗震设防要求的地区，为了充分满足结构安全性的要求，应结合工程实际情况选取有利抗震的结构体系，实际工程中应结合表中相关规定灵活选取结构体系。

（5）除以上四点之外，结构体系选择时尚需综合建筑用地、整体规划、施工技术等多方面因素整体考虑，最后确定选择出最佳结构体系。

参考文献

［1］ JGJ 1—2014装配式混凝土结构技术规程［S］.

［2］ GB/T 51231—2016装配式混凝土建筑技术标准［S］.

［3］ GB/T 50504—2009民用建筑设计术语标准［S］.

［4］ DGJ 08—2154—2014装配整体式混凝土公共建筑设计规程［S］.

［5］ DG/TJ 08—2071—2016装配整体式混凝土居住建筑设计规程［S］.

［6］ GB 50010—2010混凝土结构设计规范［S］.

［7］ JGJ 149—2017混凝土异形柱结构技术规程［S］.

［8］ JGJ 224—2010预制预应力混凝土装配整体式框架结构技术规程［S］.

［9］ CECS 52：2010整体预应力装配式板柱结构技术规程［S］.

［10］JGJ 355—2015钢筋套筒灌浆连接应用技术规程［S］.

［11］JGJ 3—2010高层建筑混凝土结构技术规程［S］.

［12］CECS 230：2008高层建筑钢-混凝土混合结构设计规程［S］.

［13］JGJ/T 400—2017装配式劲性柱混合梁框架结构技术规程［S］.

［14］JGJ/T 258—2011预制带肋底板混凝土叠合楼板技术规程［S］.

［15］GB 50017—2017钢结构设计标准［S］.

［16］JGJ 99—2015高层民用建筑钢结构技术规程［S］.

［17］JGJ 209—2010轻型钢结构住宅技术规程［S］.

［18］JGJ 227—2011低层冷弯薄壁型钢房屋建筑技术规程［S］.

［19］CECS 334：2013集装箱模块化组合房屋技术规程［S］.

［20］汪杰，李宁等. 装配式混凝土建筑设计与应用［M］. 南京：东南大学出版社，2018.

［21］江韩，陈丽华等. 装配式建筑结构体系与案例［M］. 南京：东南大学出版社，2018.

［22］郭兆军. 装配式整体预应力板柱结构住宅建筑合理高度和跨度分析［D］. 上海：同济大学，2007.

［23］付素娟. 装配式异形柱框架体系在低多层住宅中的应用［J］. 建设科技，2016（Z1）：87-90.

［24］王柄辉. 异形柱框架结构装配整体式连接节点抗震性能研究［D］. 北京：北京交通大学，2016.

［25］宗德林. 美国干式连接装配式混凝土结构及案例介绍［J］. 混凝土世界，2016（06）：26-32.

［26］薛伟辰，胡翔. 上海市装配整体式混凝土住宅结构体系研究［J］. 住宅科技，2014，34（06）：5-9.

［27］陈定球，刘斌. 低多层装配式混凝土墙板结构体系研究综述［J］. 建筑结构，2016，46（S1）：633-636.

［28］马跃强，龙莉波，郑七振. 基于UHPC的预制装配式节点新型连接与结构体系创新研究［J］. 建筑施工，2016，38（12）：1724-1725.

［29］陈威钢，郑七振，龙莉波，马跃强，陈刚，章谊. 一种新型的装配式框架结构体系研究［J］. 建筑施工，2018，40（08）：1346-1347.

［30］谢思昱，郑七振，龙莉波，陈刚. 以UHPC材料连接的装配式框架边节点抗震性能试验研究［J］. 建筑施工，2016，38（12）：1718-1721.

［31］李俊. 预应力装配式建筑结构抗震分析方法研究［D］. 大连：大连理工大学，2015.

［32］上海市建筑建材业市场管理总站，华东建筑设计研究院有限公司. 装配式建筑项目技术与管理［M］. 上海：同济大学出版社，2019.

［33］郭学明. 装配式混凝土建筑构造与设计［M］. 北京：机械工业出版社，2018.

［34］住房和城乡建设部科技与产业化发展中心. 装配式建筑发展行业管理与政策指南［M］. 北京：中国建筑工业出版社，2018.

［35］编写课题组. 装配式全装修部品部件新技术调研及推广课题研究报告［R］. 上海市住房和城乡建筑管理委员会，2018.

［36］管图林. 装配式混凝土结构在公共建筑领域的创新应用［J］. 城市住宅，2019，26（06）：121-123.

[37] 雷杰. 星河湾中学装配式混凝土框架设计实践 [J]. 上海建设科技, 2017 (04): 16-20.

[38] 梁少竟. 基于模块化的综合医院装配式护理单元建筑设计研究 [D]. 西安: 西安建筑科技大学, 2018.

[39] 余佳亮, 常明媛, 张耀林, 孙伟. 装配式钢结构在医院建筑改扩建工程中的应用 [J]. 钢结构, 2019, 34 (03): 59-63.

[40] 李江涛, 张克, 文善平, 陆键荣, 贾志生. 上海颛桥万达广场PC结构设计回顾与思考 [J]. 建筑结构, 2018, 48 (S1): 624-631.

[41] 赵红瑞, 张正宇. 浅析集装箱建筑的特点以及未来的发展展望 [J]. 科技创新与应用, 2014 (13): 205.

[42] 张汝婷. 集装箱建筑案例分析 [D]. 西安: 西安建筑科技大学, 2017.